EXPOSITION

DU

CENTRE DE LA FRANCE

A LIMOGES.

AGRICULTURE, INDUSTRIE, BEAUX-ARTS, DESSIN, ARCHITECTURE, SCULPTURE.

CATALOGUE OFFICIEL

PUBLIÉ

PAR LES SOINS DE LA COMMISSION GÉNÉRALE.

JUIN 1858.

LIMOGES,

IMPRIMERIE DE J.-B. CHATRAS,

Place de la Préfecture, 8.

EXPOSITION

DU

CENTRE DE LA FRANCE

À LIMOGES.

Agriculture, Industrie, Beaux-Arts.

CATALOGUE OFFICIEL

PUBLIÉ

PAR LES SOINS DE LA COMMISSION GÉNÉRALE.

—

JUIN 1838.

LIMOGES,

IMPRIMERIE DE J.-B. CHATRAS,

Place de la Préfecture, 8.

EXPOSITION

DU

CENTRE DE LA FRANCE

A LIMOGES.

ARRÊTÉ DE M. LE PRÉFET DE LA HAUTE-VIENNE.

Limoges, le 20 mars 1858.

Le préfet de la Haute-Vienne, chevalier de l'Ordre impérial de la Légion-d'Honneur, etc., etc.,

Vu l'avis du 9 de ce mois, par lequel S. A. I. le Prince Napoléon a bien voulu nous faire annoncer son voyage à Limoges pour la fin du mois de mai ;

Vu l'autorisation de S. Exc. le ministre de l'agriculture, du commerce et des travaux publics ;

Vu l'avis de la Chambre consultative des arts et manufactures ;

Considérant que, pour répondre dignement à l'honneur de cette auguste visite, et donner en même temps à Son Altesse Impériale l'occasion d'apprécier dans son ensemble et sur le même point tous les produits de nos contrées, il y a lieu d'organiser une Exposition à laquelle seront convoqués les départements voisins, qui sont en relations permanentes avec la Haute-Vienne,

Arrête :

Article premier. — Une Exposition des produits industriels, artistiques et agricoles, aura lieu à Limoges, vers la fin du mois de mai prochain.

Les départements de la Creuse, de la Corrèze, du Puy-de-Dôme, de l'Allier, du Cher, de l'Indre, de la Vienne, de la Charente, de la Charente-Inférieure, de la Dordogne, de la Gironde et des Deux-Sèvres, sont invités à à prendre part à ce concours.

Art. 2. — L'ouverture de cette Exposition étant subordonnée à l'arrivée à Limoges de S. A. I. le Prince Napoléon, l'époque précise en sera ultérieurement fixée, ainsi que le programme du concours.

Mais, dans tous les cas, les produits devront être parvenus à Limoges du 1er au 15 mai, au plus tard.

Art. 3. — Une commission est instituée pour régler et faire exécuter tous les détails de cette Exposition. A cet effet, elle se concertera avec l'autorité locale et se mettra en relation avec les industriels de la Haute-Vienne et des départements compris dans la circonscription.

Cette commission sera ainsi composée :

Présidents d'honneur ,

MM. le comte de Coëtlogon (✻), préfet de la Haute-Vienne ;
A. Noualhier ✻, maire de Limoges ;
Alluaud aîné ✻, vice-président du Conseil général.

Président ,

M. Ardant (Louis) ✻, vice-président de la Chambre consultative des manufactures.

Secrétaire général ,

M. Bouillon (Jules), secrétaire de la Chambre consultative des manufactures.

Secrétaire général adjoint ,

M. P. Pétiniaud-Dubos aîné, membre du Conseil municipal.

SECTION DE L'AGRICULTURE.

Vice-président ,

M. de Beaulieu, vice-président de la Société d'agriculture.

Secrétaire ,

M. Laporte (Alfred), membre de la Chambre des manufactures.

SECTION DE L'INDUSTRIE.

Vice-présidents ,

M. Pouyat (Emile) ✳ , ancien président du tribunal de
commerce ;

M. Vandermarcq, membre du conseil municipal.

SECTION DES BEAUX-ARTS.

Vice-président ,

M. B. Pétiniaud-Dubos, président du tribunal de commerce.

Secrétaire ,

M. Astaix (J.-B.), professeur à l'Ecole de médecine.

Membres de la Commission :

MM. Boyer (Désiré) ;
Mallet (Louis) ;
Nénert fils ;
Pouyat (Eugène) ;
Redon ;
Tarneaud (Firmin) ;
Thibaut (Eugène) ;

Membres de la Chambre con-
sultative des arts et manu-
factures de Limoges.

Ardant (Maurice), archiviste de la Haute-Vienne ;
Ardant du Majambost, professeur à l'école de des-
sin ;
Barbou Descourrières (Henri), membre du Conseil
municipal ;
Boudet (Charles), propriétaire ;
Boudet (Edouard) ;
Bruchard (de), directeur de la ferme-école de Cha-
vaignac ;
Bugeaud de Labastide, propriétaire ;
Chabrol (Hippolyte), président du Conseil des pru-
d'hommes ;
Chabrol (P), ✳ architecte de la Couronne et archi-
tecte diocésain ;
De la Berge ✳, commandant du génie ;
Dubreuilh ;
Duverger (Gustave) ;
Fayette, architecte du département de la Haute-
Vienne ;

Gardelle, peintre ;
Grellet ✳, ingénieur en chef des ponts et chaussées ;
Haviland, fabricant de porcelaines décorées ;
Lasserre (G.), propriétaire ;
Lesage (Charles), ingénieur civil ;
Michel (Henri), propriétaire ;
Perdoux, professeur à l'école de modelage ;
Regnault, architecte de la ville de Limoges ;
Tainturier, ingénieur des ponts et chaussées ;
Texier (l'abbé), membre de la Société archéolo-
    gique ;
Thomas aîné, propriétaire.

ART. 4. — Le présent arrêté sera publié immédiatement dans la Haute-Vienne et dans les autres départements faisant partie de la circonscription déterminée par
l'article 1er.

Fait à Limoges, le 20 mars 1858.

Le Préfet de la Haute-Vienne,

Comte E. DE COETLOGON.

CIRCULAIRE No 1.

Les Membres de la Commission générale,

*A MM. les Industriels, Artistes et Agriculteurs de la
Haute-Vienne.*

MESSIEURS,

S. A. I. le Prince Napoléon se propose de venir visiter
la ville de Limoges vers la fin du mois de mai prochain.

M. le comte de Coëtlogon, notre honorable préfet, qui
sait le vif intérêt que Son Altesse Impériale porte au travail national, a pensé que pour fêter dignement l'arrivée
du Prince dans notre vieille cité, il fallait étaler à ses
yeux les ressources industrielles, artistiques, agricoles du
département de la Haute-Vienne. Douze départements
voisins sont aussi conviés à s'unir à nous : l'Allier, la Charente, la Charente-Inférieure, le Cher, la Corrèze, la
Creuse, les Deux-Sèvres, la Dordogne, la Gironde, l'Indre,
le Puy-de-Dôme et la Vienne.

Pour une telle solennité, M. le préfet a fait appel à
notre concours, et nous le lui avons promis avec empres-

sement. Vous ferez comme nous, vous lui donnerez le vôtre.

Chacun sait la part active que Son Altesse Impériale a prise dans la direction de l'Exposition universelle. La France, toujours intelligente et malgré les embarras de la guerre, a profité de cette grande et pacifique lutte internationale. Elle en est sortie, comme des champs de bataille, plus respectée, plus forte, plus glorieuse. Les nobles vues de S. M. l'Empereur Napoléon III ont été complètement remplies.

M. le préfet désire, qu'imitant aujourd'hui de tels exemples, et dans l'intérêt de tous, nous renoncions, à notre tour, aux Expositions de notre seul département, et que nous groupions à Limoges, non-seulement les produits de nos diverses industries, mais encore ceux d'un certain nombre de départements du Centre de la France, avec lesquels nous sommes en relations incessantes.

Les voies de fer ont créé un monde nouveau. Il ne suffit plus de savoir ce qui se passe à nos portes. Il est indispensable de connaître ce qui se fait, ce qui peut être utile sur les divers points où nous communiquons économiquement par des rail-ways. L'utilité des échanges, l'extension du commerce, la richesse publique, sont désormais dans l'étude de ces faits, et les ignorer serait faire abandon des avantages et des ressources que la civilisation et la sollicitude de S. M. l'Empereur ont mis à notre disposition.

Nous n'avons donc pas hésité à nous associer à la pensée libérale de M. le préfet de la Hte-Vienne, et nous avons décidé que nous ferions, à Limoges, à l'occasion du voyage de Son Altesse Impériale, une Exposition des produits du Centre de la France.

Cette Exposition aura lieu dans le courant du mois de mai prochain.

Industriels, artistes, agriculteurs de la Haute-Vienne, nous nous adressons d'abord à vous! Vous n'avez jamais fait défaut dans les luttes sérieuses et utiles de la civilisation ; vous en êtes même sortis toujours avec succès!

Alors qu'un des Membres de la Famille Impériale va venir étudier notre situation industrielle pour encourager et protéger les travaux de nos populations laborieuses, vous voudrez tous, nous n'en doutons pas, apporter dans le Palais de l'Industrie du Centre de la France, que notre municipalité va faire ériger, les produits divers de votre intelligence et de votre travail. Faites donc tous, dès à présent, pour cette lutte improvisée, les dispositions que vous croirez nécessaires.

Plus notre Exposition départementale sera belle, grandiose, à côté de celles des départements qui sont convoqués à Limoges, plus nous justifierons de l'importance de notre ville et de notre contrée, et plus nous aurons de droits à la haute bienveillance du gouvernement de S. M. l'Empereur.

Confiants dans votre concours, nous nous empressons de vous adresser les instructions suivantes :

1º *A partir de ce jour et jusqu'au 25 avril, il est ouvert, place Royale, près du magasin Madoumier, depuis une heure jusqu'à trois heures, un registre où seront consignées les déclarations de MM. les fabricants, artistes, agriculteurs du département de la Haute-Vienne qui désireront concourir à l'Exposition des produits du Centre de la France ;*

2º *Les déclarations devront indiquer : les noms, prénoms ou la raison sociale, profession, domicile ou résidence des Exposants ;*

3º *La nature, le nombre ou la quantité des produits qu'ils doivent exposer, l'espace qui leur est nécessaire en hauteur, largeur et profondeur ;*

4º *MM. les fabricants, artistes et agriculteurs inscrits dans ces délais seront ultérieurement informés par la Commission des mesures générales qui seront adoptées pour l'examen ou l'exposition de leurs produits.*

Limoges, le 22 mars 1858.

Les Présidents d'honneur :

Le Préfet de la Haute-Vienne ;
Le Maire de la ville de Limoges ;
Alluaud aîné, vice-présid. du Conseil général.

Le Président de la Commission ,

Louis Ardant,

Le Secrétaire général ,

Jules Bouillon.

Les Vice-Présidents de la section de l'Industrie ,

Émile Pouyat, Vandermarcq.

Le Vice-Président de la section de l'Agriculture ,

Trcol-de-Beaulieu.

Le Vice-Président du commerce et des Beaux-Arts ,

Benoist Pétiniaud-Dubos.

CIRCULAIRE N° 2,

Adressée, au nom de la Commission générale, à MM. les Manufacturiers.

MESSIEURS,

Une grande solennité se prépare dans la ville de Limoges. Son Altesse Impériale le Prince NAPOLÉON daigne venir la visiter dans les derniers jours du mois de juin prochain.

Pénétrés de l'intérêt spécial que Son Altesse Impériale ne cesse de témoigner aux grands éléments de la prospérité publique, et désireux d'entourer son voyage de tout l'attrait qu'il est en notre pouvoir de lui offrir, nous avons, sous l'inspiration de M. le comte de Coëtlogon, notre honorable préfet, été appelés à organiser, pour cette époque, une grande Exposition des Produits manufacturiers, artistiques et agricoles de douze départements du Centre de la France, avec lesquels nous sommes en relations fréquentes.

Nous avons accepté cette honorable mission avec empressement, et nous venons, aussitôt que possible, faire, à notre tour, appel à votre concours éclairé, certains d'avance qu'il ne nous fera pas défaut.

Sans vouloir énumérer tous les avantages particuliers réservés à ceux qui prennent part aux luttes du travail et de l'intelligence, sans invoquer auprès de vous l'attrait des récompenses honorifiques promises aux plus méritants, nous appellerons votre attention sur un fait important au point de vue de nos intérêts communs.

Déshérités trop longtemps de voies économiques de communication, sans lesquels tout progrès est à jamais anéanti, nous avons été tirés de cette inertie invincible par l'équitable initiative de S. M. l'Empereur auquel nous devons tous nos chemins de fer. Nous ne pouvons donc pas laisser échapper cette occasion solennelle de justifier, par l'importance de notre Exposition, les nombreux bienfaits dont nous avons été l'objet, et les droits incontestables que nous avons à la sollicitude du gouvernement auquel nous avons encore à demander beaucoup.

Ainsi, Messieurs, nous avons tous un intérêt immense à nous présenter en nombre aux regards de Son Altesse

Impériale le Prince Napoléon, et si votre zèle répond au nôtre, le Centre important d'intérêts que nous groupons autour de nous, peut conquérir à un très haut degré la bienveillante protection du Prince dans les conseils de l'Etat.

Bien que notre Exposition soit improvisée, pour ainsi dire, elle aura un caractère de vérité exceptionnel, en ce sens qu'elle sera presque exclusivement composée de produits qui n'auront pas été préparés pour la circonstance. Elle sera donc, à ce point de vue, la manifestation exacte de la puissance productive des départements du Centre, de l'importance de nos manufactures, de nos artistes, de notre agriculture.

Cette circonstance toute nouvelle ne sera pas sans intérêt pour la France, pour le public appelé à visiter notre Exposition, et pour le jury qui sera bientôt appelé à la juger.

Nous espérons donc, Messieurs, que vous apprécierez les raisons qui nous engagent à solliciter l'unanimité de vos adhésions et l'envoi très prochain des produits que vous voudrez exposer.

Nous vous adresserons bientôt des bulletins de déclarations que vous aurez à remplir sans le moindre retard, afin que nous puissions disposer à l'avance des locaux convenables, pour loger vos produits, dans le Palais de l'Industrie du Centre de la France que notre municipalité va faire ériger à Limoges.

Les Présidents d'honneur :

Le Préfet de la Haute-Vienne ;
Le Maire de la ville de Limoges ;
Alluaud aîné, vice-présid. du Conseil général.

Le Président de la Commission ,

Louis Ardant.

Le Secrétaire général ,

Jules Bouillon.

Les Vice-Présidents de la section de l'Industrie ,

Emile Pouyat, Vandermarcq.

Le Vice-Président de la section de l'Agriculture ,

Treol-de-Beaulieu.

Le Vice-Président du Commerce et des Beaux-Arts ,

Benoist Petiniaud-Dubos.

CIRCULAIRE N° 3,

*Adressée par M. le vice-président de la section de l'Agri-
culture, à MM. les maires de la Haute-Vienne, au nom
de la Commission.*

MONSIEUR LE MAIRE,

S. A. I. le Prince Napoléon vient visiter nos contrées.
Ce voyage témoigne de la sollicitude constante du gouvernement pour étudier, connaître nos besoins et donner
satisfaction aux intérêts généraux qu'il est chargé de
protéger.

Une Exposition générale de nos produits agricoles, artistiques et industriels aura lieu à Limoges, au Champ-
de-Juillet.

La section de l'Agriculture que j'ai l'honneur de présider a pour mission spéciale d'organiser l'Exposition
des animaux et des instruments aratoires perfectionnés.

Dans ce but, je viens, monsieur le maire, solliciter
votre concours pour appeler à cette solennité les propriétaires de votre commune, surtout ceux qui s'occupent de
l'élevage ou de l'engraissement.

Une somme importante sera mise à notre disposition
pour distribuer des prix aux plus beaux produits des
races bovine, ovine et porcine, ainsi qu'aux meilleurs
instruments.

Incessamment un avis vous sera transmis, ainsi qu'à
MM. les exposants de l'agriculture et de l'horticulture,
pour leur faire connaître l'époque à laquelle ils devront
conduire leurs produits à Limoges.

Je dois vous faire observer, monsieur le maire, que le
département de la Haute-Vienne est seul appelé à concourir pour les bestiaux. Mais la Commission générale,
sur l'avis de M. le préfet de la Haute-Vienne, et conformément aux instructions de S. Exc. le ministre des travaux publics, admet les fabricants de tous les départements à concourir pour les instruments destinés à l'agriculture.

Vous recevrez, monsieur le maire, avec la présente :

1° Des feuilles de déclaration pour MM. les exposants,
qu'ils devront remplir et qu'ils pourront adresser directement à MM. les membres de la Commission;

2° Plusieurs exemplaires de cette circulaire que je vous prie de remettre à MM. les membres du Conseil municipal, et à MM. les propriétaires notables de votre commune.

La présence d'un Prince de Famille Impériale, l'importance des récompenses qui attendent les exposants, doivent être un stimulant pour tous ceux de vos administrés qui peuvent prendre part à la solennité qui se prépare à Limoges.

Nous espérons beaucoup, monsieur le maire, de votre bienveillance et de votre zèle dans cette circonstance.

Veuillez recevoir nos cordiales salutations.

Pour la Commission générale :

De Beaulieu,
Vice-président de la Société d'agriculture.

Alfred Laporte, *secrétaire.*

CIRCULAIRE N° 4,

Adressée par M. le vice-président de la section de l'Agriculture, à MM. les Préfets.

Monsieur le Préfet,

Au nom de la *section de l'Agriculture*, que j'ai l'honneur de présider, je m'empresse de faire appel à votre puissant appui pour informer MM. les constructeurs et fabricants d'outils et instruments destinés aux travaux de la terre ou de la ferme, et qui pourraient habiter votre département, que *leurs produits seront admis à l'Exposition du Centre de la France*, qui se prépare à Limoges, à l'occasion du voyage de S. A. I. le Prince Napoléon.

Sur l'avis de M. le préfet de la Haute-Vienne, S. Exc. le ministre de l'agriculture et du commerce a pensé qu'un des moyens les plus puissants de stimuler les efforts de nos agriculteurs, c'était de leur faire connaître et apprécier les divers instruments que la science a inventés ou perfectionnés.

La Commission de l'Exposition comprend toute la valeur d'un tel concours, et elle sera heureuse, monsieur le préfet, de recueillir dans notre Palais de l'Industrie les instruments agricoles que MM. vos administrés croiraient devoir lui adresser, ainsi que les divers produits que vos agriculteurs pourraient livrer au commerce.

Je dois vous dire, monsieur le préfet, que l'ouverture de l'Exposition du Centre de la France aura lieu le 7 juin, et que les produits de MM. vos fabricants ou de vos agriculteurs, devront être rendus à Limoges fin mai prochain *(terme de rigueur)*.

Je dois encore vous informer, monsieur le préfet, que si nous admettons à notre Exposition les instruments agricoles de tous les constructeurs ou fabricants de la France, la limite tracée par notre programme ne nous autorise pas à étendre cette faveur aux animaux, que les propriétaires ou fermiers de la Haute-Vienne ont seuls le droit d'exposer.

J'ai l'honneur de vous adresser avec la présente, des bulletins de déclarations que je vous prie de faire parvenir à MM. les industriels de votre département.

La section de l'Agriculture fait appel à votre bienveillance, monsieur le préfet, pour donner la plus grande publicité à cette communication.

Agréez, monsieur le préfet, l'expression de mes respectueuses civilités.

Pour la Commission générale :

De Beaulieu,
Vice-président de la Société d'agriculture.

Alfred Laporte, *secrétaire.*

P.-S. Très incessamment j'aurai l'honneur de vous faire parvenir le règlement de l'Exposition du Centre de la France.

CIRCULAIRE N° 5,

Adressée par M. le vice-président de la section des Beaux-Arts au nom de la Commission.

Monsieur,

La ville de Limoges prépare une Exposition artistique, industrielle, agricole, à l'occasion du prochain voyage de S. A. I. le Prince Napoléon, et douze départements ont été appelés à cette solennité par M. le préfet de la Haute-Vienne.

La Commission générale tient à ce que les produits si divers, si abondants de nos houillères, de nos fermes, soient étalés aux regards de Son Altesse Impériale. — La même Commission tient aussi à ce que les beaux-arts occupent la plus large place possible dans notre palais de l'Industrie ; et, pour que toutes les aptitudes artistiques du Centre de la France soient constatées, elle a, sur l'avis de M. le préfet de la Haute-Vienne, décidé que dans la section des Beaux-Arts, non-seulement on *admettrait* les ouvrages des artistes qui habitent aujourd'hui dans la circonscription arrêtée, mais qu'on *admettrait* encore les ouvrages de ceux qui habitent partout ailleurs, pourvu que ces derniers fussent nés dans l'un des départements convoqués.

La section des Beaux-Arts et du Commerce a été chargée de s'occuper de l'application des idées formulées par la Commission générale, et cette section ne faillira pas aux devoirs que lui impose sa mission. — Elle s'est mise à l'œuvre ; elle a reçu déjà d'importantes adhésions ; elle croit utile, Monsieur, de vous inviter directement à prendre part à notre Exposition ; elle espère que son appel sera entendu. — L'empressement des peintres, des sculpteurs, des architectes à rechercher leur admission aux Expositions de Paris, indique assez l'intérêt qu'ils attachent eux-mêmes à mettre en relief leurs œuvres, et à profiter d'une sérieuse publicité. — Combien de gloires d'ailleurs se sont révélées, vous le savez, à l'opinion publique, et qui seraient peut-être restées ignorées sans ces occasions ?

Nous n'osons vous promettre un aussi brillant résultat. — Mais ce que nous pouvons dire, c'est que la certitude que S. A. I. le Prince Napoléon honorera l'Exposition de sa présence, nous assure de nombreux visiteurs! C'est que le gouvernement de S. M. l'Empereur se propose de décerner aux beaux-arts (M. le préfet de la Haute-Vienne nous l'a fait espérer) les récompenses nécessaires; c'est enfin que la Compagnie du chemin de fer d'Orléans, s'associant à nos vues, a bien voulu nous accorder certaines faveurs sur le prix des transports.

Empressez-vous donc, Monsieur, de venir à nous. — La section du Commerce et des Beaux-Arts fera tous ses efforts, en ce qui la concerne, pour donner le plus grand éclat à cette fête du travail, et elle se plaît d'avance à compter sur votre concours.

On ignore trop généralement les richesses artistiques que possèdent nos départements. — Venez contribuer à les mettre au grand jour ! — Nos contrées ont mérité, et même occupé à toutes les époques, une place dans les fastes du commerce et des beaux-arts; venez, en travaillant pour votre propre réputation , venez nous aider, Monsieur, à rehausser sinon à fonder de nouveau la réputation du Centre de la France !

Le vice-président de la section du Commerce et des Beaux-Arts ,

B. Petiniaud-Dubos.

Le secrétaire ,

Astaix.

Nota. — Très incessamment vous recevrez le règlement général de notre Exposition.

RÈGLEMENT

DE

L'EXPOSITION DU CENTRE DE LA FRANCE

A LIMOGES.

SECTION PREMIÈRE.

Agriculture. — Industrie. — Beaux-Arts.

ARTICLE PREMIER. — L'ouverture de l'Exposition arrêtée par décision de M. le Préfet de la Haute-Vienne, en date du 20 mars, aura lieu le 7 juin prochain, à Limoges, et tous les produits devront y être parvenus le 31 mai au plus tard. Après cette époque, ils ne pourront être classés.

ART. 2. — Sont admis à cette Exposition, sous la réserve des conditions mentionnées dans les articles 3 et 4, tous les produits agricoles, industriels et artistiques des départements de l'Allier, la Charente, la Charente-Inférieure, le Cher, la Corrèze, la Creuse, les Deux-Sèvres, la Dordogne, la Gironde, l'Indre, le Puy-de-Dôme et la Vienne, désignés dans l'arrêté précité.

ART. 3. — L'Exposition des animaux ne comprendra que ceux qui auront été élevés ou importés, au moins depuis six mois, dans le département de la Haute-Vienne.

Quant aux machines, instruments et outils destinés à l'agriculture, tous les constructeurs ou fabricants domiciliés en France, peuvent y présenter leurs produits.

Aucun objet ne pourra être exposé qu'au nom de celui qui en est l'auteur ou le constructeur.

ART. 4. — Dans la section des Beaux-Arts, outre les œuvres provenant des treize départements convoqués, l'Exposition recevra celles des artistes nés dans ces mêmes départements, quel que soit le lieu actuel de leur résidence.

Art. 5. — Toute demande d'exposant doit être accompagnée d'une déclaration indiquant :

1° Son nom ou sa raison sociale ;

2° Son domicile ;

3° La nature des produits présentés ;

4° L'espace nécessaire en superficie et hauteur.

Art. 6. — Les exposants qui ne seraient pas domiciliés à Limoges, devront y désigner, autant que possible, et dans leur intérêt, un correspondant chargé de les représenter.

Art. 7. — Tous les produits destinés à l'Exposition devront y être adressés, francs de port, *à l'agent chargé du classement.* (1)

Art. 8. — Les places sont fournies gratuitement dans le Palais de l'Industrie, ainsi que les tables nécessaires.

Les frais particuliers d'installation demeurent seuls à la charge des exposants.

Art. 9. — Les objets exposés ne pourront être enlevés avant la fermeture de l'Exposition.

Art. 10. — L'Exposition restera ouverte pendant un mois.

SECTION II.

Dispositions particulières à l'agriculture et à l'horticulture.

Art. 11. — Un propriétaire ne pourra recevoir qu'un seul prix dans chaque catégorie et par chaque sexe.

---

(1) Les animaux, instruments et produits destinés aux Expositions agricoles et industrielles seront transportés à petite vitesse, d'une station quelconque du réseau d'Orléans, et *vice versâ*, avec une réduction de 50 p. % sur le prix ordinaire du transport. Pour les animaux réunis dans le même wagon, la perception sera limitée, *au maximum*, à 0 25 c. par véhicule et par kilomètre. La Compagnie ne répond pas des accidents qui surviendraient aux animaux, ni des avaries qu'éprouveraient les instruments ou produits dans les gares et pendant la route.

Les objets destinés à l'Exposition artistique, et dont la manutention et le transport exigent des soins particuliers que ne comportent pas les trains de petite vitesse, seront transportés exclusivement à grande vitesse, au prix de 0 fr. 28 c. par 1.000 kilog. et par kilomètre, au lieu de 0 fr. 40 c. que comportent les tarifs généraux de grande vitesse.

Toutes les expéditions destinées aux trois Expositions devront être accompagnées d'une lettre d'admission signée de l'un des membres de la Commission de l'Exposition, ou d'un mandataire dont le nom sera communiqué à la Compagnie d'Orléans.

2

Art. 12. — Tous les premiers prix seront accompagnés d'une médaille de première classe, et, les deuxièmes prix, d'une médaille de seconde classe. Les autres, d'une médaille de troisième classe.

Art. 13. — Les animaux primés dans des concours antérieurs ne pourront concourir, à quelque race qu'ils appartiennent, que pour un prix au moins égal à celui qui leur aura été adjugé dans les autres exhibitions.

Art. 14. — Pour être admis à exposer les animaux, chaque propriétaire, du département de la Haute-Vienne, devra remplir une déclaration dont il trouvera la formule à la mairie de chaque commune, et la renvoyer au bureau de la Commission générale avant le 15 mai prochain ; passé ce délai, elle ne sera plus admise.

Art. 15. — *Horticulture.* — Seront admis à l'Exposition les produits divers de l'horticulture, tels que fleurs, arbustes, légumes, fruits, etc., appartenant aux départements désignés.

Art. 16. — Les différentes opérations du concours sont réglées de la manière suivante :

Le 1er juin, réception et classement des instruments et des produits de l'agriculture et de l'horticulture.

Dans la dernière quinzaine de juin, un avis préviendra les propriétaires de l'époque à laquelle ils devront amener leurs animaux.

Art. 17. — Les médailles seront remises aux exposants au moment même de la proclamation de leurs noms en séance solennelle ; le montant des prix sera payé ultérieurement.

Art. 18. — Sont à la charge des exposants :
1º Le transport des bestiaux et instruments ;
2º La nourriture des animaux.

Art. 19. — Un certain nombre de domestiques commissionnés sera chargé, pendant la nuit, de la surveillance de tous les animaux, et leur salaire sera aux frais de l'Exposition.

SECTION III.

Jury d'Examen.

Art. 20. — Un Jury d'examen sera nommé par le Préfet ; la liste en sera publiée dans tous les départements appelés à l'Exposition de Limoges. Les deux tiers au moins des membres de ce jury seront pris en dehors du département de la Haute-Vienne.

ART. 21. — Le Jury sera divisé en trois sections principales : Agriculture, Industrie et Beaux-Arts ; ces sections seront elles-mêmes subdivisées en autant de groupes que le nécessitera l'importance des produits divers de l'Exposition.

ART. 22. — Le Jury appréciera la part que les ouvriers et serviteurs ruraux peuvent avoir dans les progrès accomplis, et ils seront compris, s'il y a lieu, dans la distribution des récompenses.

ART. 23. — Une Commission supérieure, composée des Présidents et Vice-Présidents de sections, résumera le travail des différentes sections et arrêtera définitivement la liste des récompenses.

ART. 24. — La Commission supérieure sera présidée par M. le Préfet de la Haute-Vienne, et aura M. le Maire de Limoges pour vice-président.

Limoges, le 28 avril 1858.

Le Préfet de la Haute-Vienne,

Comte E. DE COETLOGON

DIVISION

DE LA COMMISSION GÉNÉRALE

EN SECTIONS.

SECTION DE L'INDUSTRIE.

Vice-Présidents : MM. Emile POUYAT ; VANDERMARCQ.

Commission du Classement des Produits.

Vice-Président des 1er, 2e *et* 3e *groupes :* M. VANDERMARCQ.

1er GROUPE. — Mines et Produits métallurgiques.

1re CLASSE. — *Minerais.* — *Extractions et Traitements.* — Minerais d'argent, de plomb, d'étain, de fer. — Commissaire, M. LESAGE.

2me CLASSE. — *Extraction et Préparation des combustibles minéraux.* — Anthracites, Houilles et Cokes, Houilles anthraciteuses, Tourbe naturelle, préparée ou carbonisée. — Commissaire, M. LESAGE.

3me CLASSE. — *Métaux.* — Fonte, Fer, Acier, Etain. — Commissaire, M. DE LABERGE.

4me CLASSE. — *Emploi des Métaux.* — Armes, Chaudronnerie et Ferblanterie, Maréchallerie, Coutellerie, Joaillerie et Bijouterie. — Commissaire, M. LESAGE.

2me GROUPE. — Arts mécaniques.

5me CLASSE. — *Machines.* — Machines industrielles, Outils. — Commissaire, M. TAINTURIER.

6me Classe. — *Arts de Précision.* — Horlogerie, Poids et Mesures, Instruments de précision. — Commissaire, M. Tainturier.

3me GROUPE. — Arts chimiques.

7me Classe. — *Imprimerie.* — Imprimerie et Lithographie, Caractères typographiques, Reliure et Registres. — Commissaires, MM. Eugène Thibaut, Henri Barbou.

8me Classe. — *Papiers.* — Fabrication de Papier, Papier fin, Papier de Paille. — Commissaires, MM. Eugène Thibaut, Henri Barbou.

9me Classe. — *Cuirs et Peaux.* — Tannerie, Mégisserie et Ganterie. — Commissaires, MM. Eugène Thibaut, Henri Barbou.

10me Classe. — Produits chimiques. — Commissaire, M. Astaix.

11me Classe. — *Corps gras.* — Huiles, Bougies et Chandelles, Cires, Savons, Produits divers. — Commissaire, M. Astaix.

12me Classe. — *Liquides.* — Vins, Eaux-de-vie et Alcools, Liqueurs, Vinaigres, Bières, Boissons fermentées, Tonnellerie. — Commissaire, M. Astaix.

13me Classe. — *Substances alimentaires.* — Farines, Conserves, Pâtes, Chocolats et Confiseries. — Commissaire, M. Astaix.

Vice-Président des 4e, 5e et 6e groupes : M. Emile Pouyat.

4me GROUPE.

14me Classe. — Kaolins et terres diverses. — Commissaire, M. Nexert.

15me Classe. — Céramiques et Verreries. — Commissaire, M. Redon.

5me GROUPE. — Filatures et Tissus.

16me Classe. — *Cotons, Laines, Lins, Chanvres et Tissus divers.* — Filatures, Teintureries, Flanelles, Droguets, Draps et Couvertures, Rots et Lames, Tapis, Dessins pour Tapis, Ouates, Nattes et Tricots, Bonneteries, Cordages, Tresses, Nattes et Tapis en paille, Tissus métalliques. — Commissaires, MM. A. LAPORTE, PETINIAUD-DUBOS, BOYER.

6me GROUPE. — Fabrication et Confections diverses, Constructions, Ameublements, Arts divers.

17me CLASSE. — *Confections diverses.* — Chapellerie, Cordonnerie, Fabricants de Chaussures, Socques et Sabots, Vêtements confectionnés, Modes et Fantaisies. — Commissaires, MM. MALLET, BOUILLON.

18me CLASSE. — *Matériaux de constructions.* — Pierres de Taille, Ardoises, Asphaltes, Bitume, Chaux, Tuiles, Briques et Drains, Plans, Appareils, Modèles divers. — Commissaires, MM. GRELLET, REGNAULT.

19me CLASSE. — *Ameublements.* — Ebénisterie, Menuiserie, Bois de luxe, Miroiterie et Dorure, Toiles cirées, imitation bois, Tables et Chaises rustiques. — Commissaires, MM. GRELLET, REGNAULT.

20me CLASSE. — *Divers.* — Instruments de musique, Ombrelles et Parapluies, Articles divers. — Commissaires, MM. GRELLET, REGNAULT.

21me CLASSE. — Carrosserie, Bourrellerie et Sellerie. — Commissaire, M. VANDERMARCQ.

SECTION DES BEAUX-ARTS.

Vice-Président : M. PETINIAUD-DUBOS (Benoît);
Secrétaire : M. ASTAIX.

Commission du Classement.

MM. Maurice ARDANT, ARDANT DU MASJAMBOST, GARDELLE, DE LA BERGE, PERDOUX, RÉGNAULT, Firmin TARNAUD, l'abbé TEXIER, CHABROL, architecte.

SECTION DE L'AGRICULTURE.

Vice-Président : M. DE BEAULIEU ;
Secrétaire : M. Alfred LAPORTE.

Commission du Classement.

1re DIVISION. — *Machines agricoles. — Produits du sol.*

Espèces : Instruments, Machines, Ustensiles agricoles français et d'importation étrangère. — Produits agricoles, horticulture.

Commissaires : MM. DE BEAULIEU, Ch. BOUDET, Alfred Laporte, Henri MICHEL, Eugène POUYAT, Gustave DUVERGER, FAYETTE, Léon DUBREUILH.

2e DIVISION. — *Races d'animaux reproducteurs.*

Espèces : Animaux reproducteurs des races bovine, porcine, ovine et de basse-cour.

Commissaires : MM. Gustave LASSERRE, BUGEAUD DE LABASTIDE, DE BRUCHARD, DUBREUILH.

Commission spéciale de la Réception et du Classement de la race chevaline.

MM. Auguste BARRAUD, DE BONY, DE COUX, Octave DE LARIVIÈRE.

Commission d'Admission et de Placement.

Races Ovine, Bovine, Porcine, Volailles.

Commissaires : MM. DE BEAULIEU, CLAUDIN, DESMUREST fils, Gustave LASSERRE, VIGENAUD, Adolphe NOUALHIER, BUGEAUD-LABASTIDE.

Race Chevaline.

Commissaires : MM. le comte DE BONY, Octave LARIVIÈRE, Auguste BARRAUD, comte DECOUX.

ARRÊTÉ

Qui nomme M. Félix Boudet commissaire général de l'Exposition.

Nous, maire de la ville de Limoges, chevalier de la Légion-d'Honneur,

Vu l'article 12 de la loi du 18 juillet 1837 sur les attributions municipales ;

Considérant que, pour assurer la régularité des divers services d'ordre de l'Exposition, il est nécessaire d'en centraliser la direction et la surveillance entre les mains d'un commissaire unique chargé de ramener à exécution les décisions prises par l'Administration et le Comité général de l'Exposition, et duquel émaneront toutes les consignes à faire observer soit à l'intérieur, soit à l'extérieur des bâtiments et de l'enceinte réservée,

ARRÊTONS :

ARTICLE UNIQUE. — M. Boudet (Félix), directeur de la caisse de boulangerie, est nommé commissaire général de l'Exposition, chargé de diriger et de surveiller tous les services d'ordre de l'Exposition, et notamment le service de perception des droits qui seront acquittés à l'entrée des bâtiments où seront placés les produits.

Fait à Limoges, le 3 juin 1858.

Le Maire de Limoges,

Armand NOUALHIER.

ARRÊTÉ

Fixant l'ouverture au 14 juin 1858 et le Tarif des droits d'entrée de l'Exposition Industrielle, Artistique et Agricole du centre de la France.

Le maire de la ville de Limoges, chevalier de la Légion-d'Honneur, député au Corps législatif,

Conformément à la délibération du conseil municipal du 4 juin courant, fixe ainsi qu'il suit les droits à percevoir à l'entrée de chacun des bâtiments affectés à l'Exposition :

Palais de l'Industrie et des Beaux-Arts.

Prix d'entrée : les jours ordinaires..... » fr. 50 c.
—   le dimanche........... »   25
—   à partir du 1er juillet... 1   »

Il sera délivré *des cartes d'abonnement* donnant accès dans *les bâtiments de l'Industrie et des Beaux-Arts*, pendant toute la durée de l'Exposition, au prix de 6 fr. par personne.

Ces cartes seront personnelles et ne pourront être prêtées sous peine d'être retirées à l'abonné.

On pourra s'en procurer au Palais de l'Industrie (bureau du commissariat général) à partir du 12 juin courant, tous les jours, de neuf heures à onze heures du matin.

Bâtiment des Bestiaux.

Prix d'entrée............................ 50 c.

Bâtiment des Chevaux.

Prix d'entrée............................ 50 c.

On ne rendra pas de monnaie aux guichets, et chaque visiteur devra tenir prêt le montant de la rétribution à acquitter.

Des cartes spéciales seront délivrées à MM. les Exposants, qui leur donneront accès pendant toute la durée de l'Exposition dans les bâtiments où se trouveront les produits exposés par eux.

Ces cartes seront personnelles et ne pourront être cédées sous peine d'être retirées.

Des cartes générales, donnant accès dans tous les locaux de l'Exposition, seront délivrées aux membres de la commission et du jury.

La délivrance de ces cartes sera faite au Palais de l'Industrie (bureau du commissariat général), de neuf à onze heures du matin.

Dispositions arrêtées pour l'entrée et la sortie de l'Exposition.

L'Exposition sera ouverte le matin à sept heures, et fermée le soir à sept heures.

On entrera au Palais de l'Industrie par la porte du pavillon nord, à l'extrémité de l'allée Gay-Lussac.

On en sortira par la porte du pavillon sud, à l'extrémité de l'allée Bugeaud.

Il ne sera délivré aucune contre-marque de sortie, et la rétribution sera exigée chaque fois qu'on se présentera pour entrer.

Les porteurs de cartes générales, de cartes d'Exposants et de cartes d'abonnés, entreront par la porte du pavillon du centre.

Un nouvel avis indiquera les portes d'entrée et de sortie de l'Exposition des bestiaux et des chevaux, dont le jour d'ouverture n'est pas encore fixé.

Mesures de police à observer.

Il est défendu de fumer dans l'intérieur du Palais de l'Industrie.

Il est également défendu de toucher à aucun objet, et d'effrayer par des cris ou de tout autre manière les bestiaux et les chevaux.

Il sera pris toutes les mesures nécessaires pour préserver les objets exposés de toute chance d'avaries ; néanmoins, si malgré ces précautions un sinistre venait à se déclarer, les dégâts et dommages qui pourraient en résulter seront à la charge des Exposants.

Les frais d'assurance seront aussi à leur charge s'ils jugent utile de recourir à cette garantie.

Les produits seront surveillés par un personnel spécialement affecté à ce service ; mais l'administration ne sera pas responsable des vols ou détournements qui pourraient être commis.

Chaque Exposant aura la faculté de faire garder ses produits à l'Exposition par un agent de son choix ; déclaration devra être faite, dès le début, du nom et de la qualité de ce représentant, auquel il sera délivré une carte personnelle qui ne pourra être cédée ni prêtée sous peine de retrait.

Les représentants des Exposants devront se borner à répondre aux questions qui leur seront faites. Il leur est interdit, sous peine d'expulsion, de solliciter l'attention des visiteurs ou de les engager à acheter les produits exposés.

M. le commissaire général de l'Exposition, M. le commissaire central et les agents placés sous leurs ordres, sont chargés, chacun en ce qui le concerne, d'assurer l'exécution des dispositions qui précèdent.

Limoges, le 7 juin 1858.

Le maire de Limoges,

Armand NOUALHIER.

Vu et approuvé :

Le Préfet de la Haute-Vienne,

Comte E. DE COETLOGON

ARRÊTÉ

Relatif à la formation du Jury d'examen de l'Exposition du Centre de la France.

Le préfet de la Haute-Vienne, chevalier de l'ordre impérial de la Légion-d'Honneur, grand officier de l'ordre royal de Saint-Maurice et Saint-Lazare, commandeur de Saint-Grégoire-le-Grand,

Vu les articles 20 et 21 du règlement de l'Exposition, en date du 28 avril dernier, qui déterminent la forme et la composition du jury d'examen des produits exposés;

Vu la liste des membres de la commission et les propositions spéciales de MM. les préfets des départements compris dans la circonscription de l'Exposition,

Arrête :

Article premier. — Sont nommés membres du jury d'examen des produits exposés pour chacune des sections et groupes ci-après désignés, savoir :

SECTION DE L'AGRICULTURE.

Président de la section : M. Leplay, conseiller d'Etat.

Vice-président : M. de Beaulieu, président de la Société d'agriculture à Limoges.

1er Groupe. — *Agriculture, animaux.*

Président : M. Rieffel, directeur de l'école régionale de Grand-Jouan.

Membres : MM. de Bonnal, président de la Société d'agriculture à Moulins; de Bruchard, à Chavaignac; le comte Conrad de Gourcy; Delille, maire de Guéret; Durand de Corbiac, propriétaire; vicomte Galard de Bearn; de Laborie, propriétaire à Périgueux; de Maubuée, agronome à Niort; Vallée (Louis), propriétaire à La Guerche (Cher); le comte d'Ussel, directeur de la ferme-école des Plaines-Neuvic (Corrèze).

2ᵉ Groupe. — *Machines agricoles et instruments aratoires.*

Président : M. Moll, membre de l'Institut.

Membres : MM. Auclerc, à La Celle-Bruère (Cher); Augier, à Bourges; de Bengry-Puyvallée, président de la Société d'agriculture à Bourges; Bugeaud de Labastide; du Cluzeau de Clérans, à Périgueux (Dordogne); E. Daubrée, constructeur à Clermont-Ferrand; Guillaumin, député, à Brinon (Cher); Laporte (Alfred), à Limoges; Lasserre (Gustave), près Bellac; de Lignac, propriétaire (Creuse); Michel (Henri), à Limoges; Serph, propriétaire à Niort; Thèze, propriétaire à Niort.

3ᵉ Groupe. — *Race chevaline.*

Président : M. Petiniaud, inspecteur général.
Membres : MM. de Bony (Joseph), propriétaire; Genestal, directeur du haras de Pompadour.

SECTION DE L'INDUSTRIE.

Président de la section : M. Sallandrouze de Lamornaix, député au Corps législatif, membre du conseil général des manufactures.

Vice-Président : M. Emile Pouyat, ancien président du tribunal de commerce.

1ᵉʳ Groupe. — *Mines et produits métallurgiques.*

Président : M. Vandermarcq, fabricant.

Membres : MM. Charrossin, vice-président de la Société philomathique de Bordeaux; Gallicher, maître de forges à Précy (Cher); de La Berge, commandant du génie à Limoges; Lesage (Ch.), ingénieur civil à Limoges; Pigeon, ingénieur des mines à Moulins; Redon, ingénieur métallurgiste à Limoges.

2ᵉ Groupe. — *Arts mécaniques.*

Président : M. de Serreville, vice-président de l'Exposition à Moulins.

Membres : MM. Bouillon (Edouard), maître de forges à Larivière ; Chambeyron, à La Rochelle ; Filliol, entrepreneur de la manufacture d'armes de Tulle ; P. Luuyt, directeur des forges de Vierzon ; de Saint-Phale, directeur des mines du Montet ; Tainturier, ingénieur des ponts et chaussées à Limoges ; de Veyvialle, maître de forges à Sallons (Corrèze).

3ᵉ Groupe. — *Arts chimiques.*

Président : M. Beaudrimont, président de la Société philomathique de Bordeaux.

Membres : MM. Astaix, chimiste à Limoges ; Bru, chimiste à Vichy ; le comte Cornudet, propriétaire à Guéret ; de La Colonge, membre de l'Académie des sciences à Bordeaux ; du Miral, directeur de la ferme-école de La Villeneuve (Creuse) ; Poisson, directeur de la ferme-école d'Aubussay (Cher) ; Roussel, ingénieur des mines à Ahun ; Sallandrouze de Lamornaix fils ; Sauvage, fabricant d'huile de schiste à Buxière-la-Grue (Allier) ; Lorenzo Teulier, à Thiviers (Dordogne).

4ᵉ Groupe. — *Kaolins, terres diverses, céramiques et verreries.*

Président : M. Salvetat, professeur à l'Ecole centrale.

Membres : MM. Boudet (Edouard) ; Burguin, fabricant à Couleuvres (Allier) ; Fillouleau, fabricant de porcelaines à Bourganeuf (Creuse) ; Jouet de Beauvoir, propriétaire à Echassières ; Leclerc, directeur des ardoisières à Brive ; Hache, fabricant de porcelaines à Vierzon ; Palotte, ingénieur civil aux mines d'Ahun (Creuse) ; Pillivuyt, fabricant de porcelaines à Mehun ; l'abbé Texier, supérieur du séminaire du Dorat ; Theremin, fabricant de pâtes à porcelaines à Mehun (Cher).

5ᵉ Groupe. — *Filatures et tissus.*

Président : M. Sallandrouze (Jean-Jacques), fabricant à Aubusson.

Membres : MM. Barret, filateur à Périgueux ; Croc, manufacturier à Aubusson ; Mathé, filateur à Niort ; Petiniaud-Dubos (Prosper).

6ᵉ GROUPE. — *Fabrications et confections diverses, constructions, ameublements, arts divers.*

Président : M. Grellet, ingénieur en chef de la Haute-
Vienne.

Membres : MM. Braquenié, manufacturier à Aubusson ;
Carlier, architecte diocésain à Bourges ; Desrosiers, im-
primeur-libraire à Moulins ; Du Vivier, maire d'Angoulême ; Dufour aîné, fabricant de carrosserie à Périgueux ;
Destrem (Raoul), à Alloue (Charente) ; Laroche-Joubert,
manufacturier à Angoulême.

SECTION DES BEAUX-ARTS.

Président de la section : M. le vicomte DE LA GUÉRON-
NIÈRE, conseiller d'Etat.

Vice-président : M. DE JOUVENEL, député.

1ᵉʳ GROUPE. — *Tableaux et peintures.*

Président : M. Arsène Houssaye, inspecteur général
des beaux-arts.

Membres : MM. Alexandre (Léon), adjoint au maire de
Bordeaux ; Ardant du Masjambost, professeur à l'école
de dessin ; Chabrol, architecte de la couronne et architecte
diocésain ; Dubouché (Adrien), à Bordeaux.

2ᵉ GROUPE. — *Sculptures, objets divers.*

Président : M. le comte de Vieil-Castel, directeur du
musée des souverains à Paris.

Membres : MM. Arbellot (l'abbé), curé de Rochechouart ; de Bengy, peintre à Bourges ; Borget, peintre
à Bourges ; Choquel, manufacturier (Creuse) ; Perdoux,
professeur de modelage ; Petiniaud-Dubos, directeur de
la succursale de la Banque de France.

COMMISSION SUPÉRIEURE.

Président : M. LE PRÉFET de la Haute-Vienne.

Vice-présidents : MM. ARMAND NOUALHIER, maire de Limoges et député;

LOUIS ARDANT, président de la commission de l'Exposition.

Secrétaire général : M. JULES BOUILLON, membre de la chambre des manufactures.

Secrétaire général adjoint : M. EUGÈNE THIBAUT, membre de la chambre des manufactures.

Membres : MM. Alluaud aîné (François), président de la chambre consultative de Limoges ; Beaudrimont, président de la Société philomathique de Bordeaux ; de Beaulieu, président de la Société d'agriculture à Limoges; Chevalier (Michel), conseiller d'Etat; de Gisors, membre de l'Institut et inspecteur des bâtiments civils; Grellet, ingénieur en chef de la Haute-Vienne ; le baron de Jouvenel, député; Houssaye (Arsène), inspecteur général des beaux-arts; Le Play, conseiller d'Etat; le vicomte de La Guéronnière, conseiller d'Etat; Moll, membre de l'Institut ; Pétiniaud, inspecteur général des haras; Pouyat (Emile); Rieffel, directeur de la ferme-école de Grand-Jouan ; Sallandrouze de Lamornaix, député; Sallandrouze (Jean-Jacques), fabricant à Aubusson; Salvetat, professeur à l'Ecole centrale; de Serreville, vice-président de l'Exposition, à Moulins; Vandermarcq, fabricant à Limoges; le comte de Vieil-Castel, directeur du musée des souverains à Paris.

ART. 2. — M. le président de la Commission est chargé d'assurer l'exécution du présent arrêté qui sera immédiatement publié et affiché dans les départements qui forment la circonscription de l'Exposition.

Fait et arrêté en préfecture, à Limoges, le 18 juin 1858.

Le préfet de la Haute-Vienne,

Comte EM. DE COETLOGON.

NOTICE

SUR LE PALAIS DE L'EXPOSITION.

Le palais de l'Exposition, construit aux frais de la ville de Limoges, sur les plans de son habile architecte M. Regnault, a un aspect monumental qui a quelque chose de saisissant.

Il a la forme d'un beau château gothique tout hérissé de tours, de créneaux, de meurtrières et de machicoulis. Il rappelle le palais moyen âge que le roi de Hollande s'est fait construire à La Haye.

Quand on descend par l'avenue du Champ-de-Juillet et que la vue embrasse ce monument coquet et pittoresque, dont la forme date d'un autre âge, on regrette qu'il doive durer si peu.

Son emplacement a été admirablement choisi. Il domine la gare du chemin de fer et se développe sur toute la largeur du Champ-de-Juillet. Il a 132 mètres de longueur sur 12 de largeur. Il se compose, au milieu, d'un avant-corps de 12 mètres de large, qui présente un pignon flanqué de trois tourelles. En avant de ce pignon est un deuxième avant-corps ayant deux tourelles aux angles et formant une plate-forme crénelée.

Les deux extrémités du bâtiment se terminent par deux pavillons saillants, flanqués chacun de deux tours octogones crénelées à la hauteur du pignon, et terminées chacune d'un minaret de forme gothique portant les oriflammes aux couleurs nationales.

Les deux corps de logis intermédiaires sont percés chacun de sept fenêtres aux formes gothiques, surmontées des blasons des chefs-lieux des départements qui concourent à l'Exposition et de celui de la ville de Paris. Les fenêtres de l'avant-corps principal sont surmontées des armes du Prince Napoléon, et la porte centrale de celles de l'Empereur. La tourelle triangulaire du fronton central porte l'oriflamme verte de Sa Majesté.

L'intérieur de l'édifice présente au centre une abside

percée de trois grandes fenêtres ogivales, dont le pourtour est destiné à l'exposition des émaux limousins. C'est là que se trouve la belle châsse de l'abbaye de Grandmont, en cuivre doré et émaillé, qui contenait les reliques de saint Étienne de Muret. C'est peut-être le plus beau spécimen de l'émaillerie de la fin du XIIe siècle, et nous pouvons dire que le musée de Cluny lui-même ne contient rien qui puisse lui être comparé. Cette châsse, qui est un véritable chef-d'œuvre, appartient à la commune d'Ambazac.

C'est une heureuse idée d'avoir placé les émaux limousins, ces merveilles du moyen âge, en regard des merveilles de notre temps. Cette partie de l'Exposition ne sera pas une des moins intéressantes à étudier. Les propriétaires qui possédaient quelques-uns de ces précieux ouvrages, ont répondu avec empressement à l'appel qui leur a été fait. Ce sera donc une occasion unique dont les curieux et les savants seront sans doute heureux de pouvoir profiter.

Au centre, on admire la belle statue équestre en bronze de l'Empereur, faite par Gayrard, que S. Exc. M. le ministre d'État a bien voulu prêter à la ville de Limoges pour cette solennité. A l'entour se dressent des panoplies d'armes des manufactures impériales de Tulle et de Châtellerault. On admire un aigle aux ailes déployées qui porte la foudre et semble planer sur la statue de l'Empereur. Son dessin d'une grande correction, la pureté de ses lignes, le poli de l'acier sur lequel le soleil vient se briser en gerbes de feu, en font un petit chef-d'œuvre d'ornementation militaire.

L'abside est à moitié fermée par une glace de la manufacture de Montluçon, presque aussi grande que la glace de Saint-Gobain, si admirée à l'Exposition universelle. Elle reflète la statue équestre, les panoplies, une partie du Champ-de-Juillet et même de l'avenue, et forme un panorama rétrospectif du plus heureux effet.

Le pavillon de droite et celui de gauche servent à l'exposition des tapis d'Aubusson. Dans ce dernier figurent également de beaux meubles sculptés d'un mérite incontestable.

Dans les galeries aux deux côtés de l'abside se trouvent groupés les divers produits de l'industrie, parmi lesquels se font remarquer les kaolins et les porcelaines. A droite sont classés les mines, les produits métallurgiques et les machines, et à la suite les tissus. A la gauche, on trouve

la papeterie, la ganterie, les produits et conserves alimentaires, les liquides, les chaussures et ameublements.

En sortant du palais par la porte du pavillon de droite,
on trouve à gauche la galerie des tableaux, qui reçoit par
le haut un jour très favorable. Elle est longue de 40 mètres
et large de 6 mètres, et est destinée à contenir trois à
quatre cents tableaux.

Un autre bâtiment faisant pendant à celui des Beaux-
Arts, sert à l'exposition des voitures de luxe et à celle de
plusieurs machines industrielles qui, faute d'espace, n'ont
pu être placées à l'intérieur de l'édifice.

Au centre se trouvent les galeries contenant une grande
variété de machines agricoles. Tous ces bâtiments sont
groupés autour d'une vaste cour triangulaire, dans laquelle sont classés les machines à battre, les manéges,
et tout l'outillage de l'agriculture.

Sur le devant du palais, l'horticulture expose ses odo-
rants et gracieux produits.

Pour les races d'animaux, il a été construit, à peu de
distance du palais, trois grands bâtiments de 100 mètres
de longueur. Le premier est destiné aux *stalles* des taureaux
et à la race bovine; le second est divisé en parcs pour les
races porcine, ovine et pour les diverses natures de volailles. Le troisième bâtiment contient cinquante *boxes*
pour les chevaux, poulains et pouliches de race limousine.

Enfin, dans la prairie voisine de ces bâtiments, l'habile
draineur M. de Limermont a établi un spécimen de ses
travaux de drainage.

Tel est le résumé succinct des dispositions générales et
de l'organisation de l'Exposition du centre de la France.

E. BUISSON DE MASVERGNIER.

SECTION DE L'AGRICULTURE (1).

1er GROUPE. — 1re CLASSE.

Machines, Instruments, Outils agricoles.

(65 Exposants.)

1 — 55 — Jean-Marie Tritschler, Limoges. — Collection de toutes espèces d'instruments d'agriculture perfectionnés.

2 — 74 — Jean-Baptiste de Galard-Béarn, à Rigolau, près Saint-Severin (Charente). — Une machine à battre économique et son manége.

3 — 155 — Jean-Baptiste Dubouché, Limoges. — Une machine à battre les faux et une deuxième machine à diviser les troncs d'arbres.

4 — 185 — Melchior Boulu, Limoges. — Moulins portatifs pour la meunerie et une meule artificielle.

5 — 200 — Paute et Chapeau, Aixe. — Charrues et herses.

6 — 240 — Gay-Lussac, St-Léonard (Hte-Vienne). — Collection de plusieurs instruments d'agriculture importés de l'Amérique du Nord.

7 — 233 —

8 — 232 — Pierre Descubes, Limoges. — Invention pour faire éclater la terre et une pièce de bois pour placage.

9 — 270 — Léonard Roubeyrolles, une moissonneuse (invention).

10 — 271 — Victor Peyrusson, Limoges. — Machine à dépiquer le trèfle, machine à battre.

11 — 275 — Gustave de Saint-Phale, Montet (Allier). — Une pompe.

12 — 299 — Jean Laroudie aîné, Limoges. — Instruments aratoires, charriots d'agriculture.

13 — 324 — Creuzé des Roches, au château Grande-

Maison (Indre). — Un manége locomobile et une machine à battre.

14 — 343 — Jean Noussac, Limoges. — Charron : une charrette, une herse, deux charrues.

15 — 354 — Jean Pommier, Isle (Hte-Vienne). — Outils de drainage.

16 — 355 — Pierre Guitard, Solignac (Hte-Vienne). — Outils aratoires.

17 — 367 — Jean Desport, Nontron (Dordogne). — Collection d'instruments d'agriculture.

18 — 378 — Jean-Baptiste Maumont, St-Bonnet-la-Rivière (Hte-Vienne). — Une charrue perfectionnée.

19 — 385 — Léonard Deschamps, Limoges. — Deux charrues.

20 — 398 — Pierre Amouroux, St-Yrieix (Hte-Vienne). — Un moulin à vanner.

21 — 446 — Martial Sazerat, Panazol (Hte-Vienne). — Deux charrues.

22 — 457 — Léonard Villeneuve, Magnac-Bourg (Hte-Vienne). — Une charrette à bœufs pour la campagne.

23 — 470 — Alexis Corneille-Bourdon (Puy-de-Dôme). — Fers à bœuf et à cheval, araire en fer.

24 — 475 — Félix Périer, Sauviat (Hte-Vienne). — Machine à répandre le fumier.

25 — 487 — Pierre Chéroux, St-Just (Hte-Vienne). — Fourches et rateaux en bois.

26 — 531 — Damey et Cie, Dôle (Jura). — Une machine à battre en long, une machine à battre en travers.

27 — 566 — Gérard, Vierzon (Cher). — Quatre machines à battre et leurs manéges, un tarare.

28 — 676 — Pougaud, Ruffec (Charente). — Une machine à battre et son manége.

29 — 575 — Pialoux et Cie, Agen (Hte-Garonne). — Une machine à battre et son manége.

30 — 582 — Pasquet-Roux, Issoudun (Indre). — Trois machines à battre les grains et leurs manéges, un locomobile à vapeur, quatre chevaux de force, un beffroy de moulin en fonte coulée.

31 — 305 — Landat, conducteur de travaux de drainage attaché à l'administration des ponts et chaussées, Limoges. — Collection d'outils de drainage, appareil à diviser les tuyaux, chaîne à nettoyer les tuyaux.

32 — 586 — Gédéon Mazoudier, capitaine au 54e de ligne, Clermont-Ferrand (Puy-de-Dôme). — Deux brouettes à deux roues, nouveau système.

33 — 605 — Massonnet-Nassivet, Nantes (Loire-Inférieure). — Deux machines à battre les blés et leurs manéges.

34 — 649 — Jean-François Presson, Bourges (Cher).— Tarare, crible trieur et deux charrues.

35 — 633 — Labrousse aîné, Pierrebuffière (Hte-Vienne). — Un moulin à vanner.

36 — 667 — Louis Gogry, Châteauroux (Indre). — Une charrue-rigoleur pour irrigations, trois charrues.

37 — 683 — Sylvain Beillard, Bellac (Hte-Vienne). — Une machine à battre et son manége.

38 — 688 — Léonard Lagrange, Château-Chervix (Hte-Vienne). — Une paire de roues pour charrette.

39 —

40 — 718 — Honoré Issaurat, ingénieur, Lacolle (Var). — Charrue à double déversoir.

41 — 693 — Louis Fénévol, au Vigen (Hte-Vienne).— Charrue limousine.

42 — 731 — De Larivière du Quéroix, Limoges. — Un rigoleur.

43 — 736 — Léonard Lamanthe, St-Paul (Hte-Vienne). — Charrue en fer.

44 — 756 — Pierre Delaire, Sauxillanges (Puy-de-Dôme). — Deux petits modèles de rouleaux, un modèle de herse, une drague et une charrue.

45 — 783 — Pinet fils, Abilly (Indre-et-Loire).— Quatre manéges, trois machines à battre, transmission de mouvement à tous les instruments de grange, un manége à un cheval, etc., moulin à grains, collection complète.

46 — 806 — Jean-Baptiste Passedoit, Saumur (Maine-et-Loire). — Deux machines à battre les céréales, trois manéges, un locomobile à vapeur.

47 — 810 — Lavie, Paris (Seine). — Moulin à farines portatif agricole.

48 — 812 — Victor Peyrusson, importateur, Paris (Seine). — Pétrin mécanique agricole.

49 — 828 — Michel-Ludovic Gaillard, Thiviers (Dordogne). — Deux vanneurs trieurs.

50 — 837 — Alphonse Moreau, Le Blanc (Indre). — Deux charrues à défricher.

51 — 855 — André Rayet, Lussat (Creuse). — Six charrues.

52 — 914 — Pierre Laroudie jeune, au Vigen (Hte-Vienne). — Quatre charrues.

53 — 923 — Rivaux, direction de l'office agricole, Angoulême (Charente). — Une bineuse à la main.

54 — 926 — Jean-Baptiste Hidien, Déols (Indre). — Collection de herses, charrues, houes à cheval, rayonneurs, extirpateurs, etc.

54 *bis* — 939 — Brussaud, ingénieur, Mont-de-Marsan (Landes). — Un concasseur avec son circonverteur à galets.

55 — 945 — Rimbert frères, Châtellerault (Vienne). — Deux manéges et deux machines à battre.

56 — 959 — Benoît Pradier, Périgueux (Dordogne). — Deux herses, trois charrues.

57 — 975 — Le Marchant, Laroque-Broux (Cantal). — Une bêche mécanique avec son manche.

58 — 992 — Chevret, Ciron, château de La Barre (Indre). — Une charrue.

59 — 1017 — Beauquin frères, Nantes (Loire-Inférieure). — Deux machines à battre et leurs manéges.

60 — 1018 — Mathieu Coussy, Limoges. — Une machine à battre les faux.

61 — 262 — Benjamin Gervais, Montmorillon (Vienne). — Une machine à battre et son manége.

62 — 1079 — Société agronomique de Grignon (Seine-et-Oise). — Trois charrues, une houe à cheval.

62 *bis* — 1080 — Legendre, Saint-Jean-d'Angély (Charente-Inférieure). — Un rouleau croskill, une machine à moissonner, une faneuse.

62 *ter* — 1066 — Raguin, Limoges. — Collection d'outils de jardinage et drainage.

62 *quater* — 1082 — Téléphe Francez, Limoges. — Un semoir.

SECTION DE L'AGRICULTURE.

1er GROUPE. — 2e CLASSE.

Produits Agricoles naturels et fabriqués.

35 Exposants.

63 — 33 — Henri Poumaret, Limoges. — Une botte colza.

64 — 39 — Jean-Baptiste Langlade, Bersac (Haute-Vienne). — Culture de l'igname de Chine.

65 — 113 — Benoit de Lostende, Limoges. — Graines, froment, seigle et blé noir.

66 — 165 —

67 — 170 — François Galland, Ruffec (Charente). — Agriculture : collection complète de céréales cultivées chez lui.

68 — 177 — De Bruchard, directeur de l'école de Chavaignac (Haute-Vienne). — Produits agricoles : laines, grains, plantes, engrais, céréales.

69 — 208 — Désiré Poisson, Aubussay (Cher). — Plantes végétales, grains, graines, laines, légumes, collection entière.

70 — 246 — Edmond de Termes, Bellac (Hte-Vienne). — Sorgho sucré et autres produits.

70 *bis* — 249 — Charles Claudin, Coussac-Bonneval (Hte-Vienne). — Fécules de pommes de terre et de marrons d'Inde.

71 — 255 — D'Aigueperse, Aigueperse (Hte-Vienne). — Divers échantillons de bois exotique, une calebasse et autres produits.

72 — 286 — Gros-Deveau, La Chapelle-Montbrandeix (Haute-Vienne). — Pommes de terre, chardons, foin avant et après drainage, blé seigle, tourbe, cendres de tourbe, argile calciné, plants de châtaigniers.

73 — 304 — Aristide Morterol, Firbeix (Dordogne). — Divers produits agricoles, et eaux-de-vie de sorgho et de topinambours.

74 — 306 — Jean-Baptiste Aventurier, Vigen (Haute-Vienne). — Graines ; tableau d'assolement avec documents de comptabilité.

75 — 320 — Constant, Gris (Hte-Vienne). — Dix pieds de chanvre.

76 — 464 — Edouard Juquaux, Issoudun (Indre). — Produits agricoles : betteraves, laine, vins.

77 — 512 — Ferdinand Delon, Lageyrac, près Châlus (Haute-Vienne). — Divers produits agricoles et tourbes.

78 — 523 — Edouard Baudet, Isle (Hte-Vienne). — Produits agricoles.

79 — 664 — De Bessat de Lamothe, Périgueux (Dordogne. — Produits agricoles : laine en toison et en échantillon montrant l'amélioration des troupeaux, cocons de soie et soie filée, graine de sorgho.

80 — 471 — Jacques Buisson, Bergerac (Dordogne). — Collection d'oranges, citrons, cédrats, etc., cultivés chez lui.

81 — 1118 — Jean-Baptiste Clément, Limoges.— Igname de la Chine, corbeille rustique et différentes fleurs.

82 — 703 — Jean-Louis Prom, St-Caprais (Gironde). — Laines en toison.

83 — 934 — Paute de Puy-Baudet, St-Priest-le-Betoux (Hte-Vienne). — Toisons du pays.

84 — 856 — Société des sciences naturelles de Guéret (Creuse). — Alcool de sorgho, igname de Chine.

85 — 1115 — Bardonneaud de Peysac, Peysac (Dordogne). — Paille de seigle d'une longueur extraordinaire.

86 — 1117 — Lamy de la Chapelle, Condat-d'Isle (Hte-Vienne). — Froment d'Egypte, récolte obtenue par Léonard Denis, colon.

87 — 1003 — Antoine Chadal, Vignolles (Corrèze). — Seigle de semence.

88 — 1116 — Alexandre Parise, Villers (Indre). — Betteraves, carottes, maïs, toison de laine.

89 — 917 — Marq. de Mont-Laure, Lyonne, près Gannat (Allier). —Toisons de brebis hollandaises (groninques) et béliers anglais (corwold), nés chez l'exposant.

90 — 896 — G. de La Bardonnie, Versinas, près de Thiviers (Dordogne). — Marnes pour engrais.

91 — 5 — Edouard Bouillon, Larivière (Hte-Vienne). — Graines de trèfles.

92 — 1119 — Aubier et Laruc, Limoges. — Engrais animalisés.

93 — 337 — Arsène de Labastide, Magnac-Bourg (Hte-Vienne). — Froment en gerbes et en grains, eau-de-vie de sorgho.

94 — 129 — Veuve Guérin, Limoges. — Toisons de laine mérinos.

95 — 547 — Adolphe Noualhier, Limoges. — Blé anglais, production de 1857, 23 hectolitres à l'hectare.

96 — 21 — Alfred Laporte, Limoges. — Avoine d'hiver sur défrichement au noir animal; froment au guano sur sol de seigle.

96 *bis* — 349 — H. Barbou des Courrières, Limoges. — Etablissement pour la reproduction de la sangsue.

SECTION DE L'AGRICULTURE.

1er GROUPE. — 3e CLASSE.

Horticulture et Ornements divers.

(20 Exposants.)

97 — 56 — Thomas Darthou, Limoges. — Jardinières, chaises rustiques.

98 — 57 — Clément Jarry, Limoges. — Horticulture, fleurs et arbustes.

99 — 168 — Léonard Mazaud, Verneuil (Hte-Vienne). — Deux tables rustiques.

100 — 212 — François Nivet, Limoges. — Horticulture, fleurs de serre et arbustes.

101 — 273 — Victor Peyrusson, Limoges. — Collections de fleurs et d'arbustes.

102 — 344 — Jacques Riffaud, cerclier Limoges. — Treillages de jardin.

103 — 347 — N'a pas exposé.

104 — 356 — Tixier fils, Limoges. — Horticulture.

105 — 530 — Jean Gueritaud, Limoges. — Horticulture, fleurs diverses.

106 — 556 — Ponsiau-Ormières, Bordeaux (Gironde). — Caisses d'arbustes et d'orangers.

107 — 594 — Pierre Peyrat, Isle (Haute-Vienne). — Produits d'horticulture.

108 — 643 — Joaunau, Cosne (Nièvre). — Caisses arboriflores.

109 — 644 — Martial Dubaud, La Chapelle-Montbrandeix. — Divers produits de jardinage.

110 — 658 — Bonneville (Simon), Limoges. — Treillis de clôture et d'espaliers.

111 — 700 — D'Aigueperse, Aigueperse (Hte-Vienne). — Une table façonnée avec des bois exotiques.

112 — 754 — Maury fils, Limoges. — Ornements de jardin, fauteuils, chaises rustiques, un châtaignier sauvage.

113 — 471 — Jacques Buisson, Bergerac (Dordogne). — Collection de fleurs et corbeilles.

114 — 811 — Guyot, Paris (Seine). — Paillassons à la mécanique.

115 — 158 — Gay-Dupalland, Le Palais (Hte-Vienne).
— Horticulture.

116 — 1120 — de Limermon, draineur en chef de
l'administration des ponts et chaussées. — Spécimen de
drainage *complet*, sur cinquante ares, dans la prairie at-
tenant au Champ-de-Juillet.

SECTION DE L'AGRICULTURE.

2ᵉ GROUPE. — 1ʳᵉ CLASSE.

Race Bovine. — Animaux reproducteurs.

(99 Exposants.)

117 — 9 — Léonce Bardenat, Limoges. — Un taureau,
deux vaches.

118 — 12 — De La Guéronnière, Thouron (Haute-
Vienne). — Un taureau, une génisse.

119 — 20 — Télèphe Francez, Limoges. — Un taureau,
deux vaches, race limousine.

120 — 33 — Alfred Laporte, Limoges. — Une vache
limousine, une vache croisée limousine-agenaise.

121 — 21 — Jean Poumarède, Limoges. — Deux génisses limousines.

122 — 66 — Jean Betoulle, Feytiat (Haute-Vienne). —
Une vache, un taureau.

123 — 67 — Thibaut frères, Limoges. — Un taureau
limousin, deux vaches limousines.

124 — 76 — Barny de Romanet, Limoges. — Une vache limousine-agenaise, une vache race limousine.

125 — 77 — Joseph Besse, Limoges. — Trois génisses
race limousine.

126 — 104 — Pierre Picat, Aixe (Haute-Vienne). —
Un taureau race limousine.

127 — 107 — François Fusade, Brigueil (Hte-Vienne).
— Un taureau limousin.

128 — 112 — Mailhard de Lacouture, Limoges. — Deux
taureaux limousins, une vache limousine.

129 — 113 — Maurice de Lostende, Isle (Hte-Vienne).
— Froment, seigle, blé noir, avoine, vaches pure race limousine.

130 — 129 — Veuve Guérin, au Mas-de-l'Age, près Limoges. — Un taureau limousin, une vache limousine.

131 — 137 — De la Vareille, Saint-Léger-la-Montagne (Haute-Vienne). — Deux vaches suitées, deux génisses race limousine.

132 — 140 — Jean-Baptiste Tarneaud aîné, Limoges. — Un taureau, deux vaches race limousine.

133 — 152 — André Mathurin, Limoges. — Une vache limousine.

134 — 172 — Jean Minsa, Marpiénas (Hte-Vienne). — Un taureau, deux vaches, dont une suitée, race limousine.

135 — 176 — Frédéric Petiniaud, Limoges. — Une vache.

136 — 187 — Honoré Sazerat, Limoges. — Une vache laitière.

137 — 199 — De Salles, Beaublanc, près Limoges. — Deux taureaux, deux génisses, race limousine.

138 — 177 — De Bruchard, Chavaignac (Hte-Vienne). — Un taureau limousin.

139 — 231 — Pierre Morterol, Limoges. — Deux taureaux, deux vaches, race limousine.

140 — 239 — Duverger, Aixe (Haute-Vienne). — Un taureau, une vache, deux génisses, race limousine.

141 — 247 — Edmond des Termes, Bellac (Haute-Vienne). — Un taureau race limousine.

142 — 250 — Charles Claudin, Coussac-Bonneval (Hte-Vienne). — Une génisse race limousine.

143 — 261 — Pierre-Eugène Morterol, Limoges. — Un taureau, deux vaches, deux génisses, race limousine.

144 — 264 — François Petiniaud-Champagnac, Limoges. — Deux génisses race limousine.

145 — 272 — Baron de Labastide, Limoges. — Quatre bêtes race limousine.

146 — 273 — Victor Peyrusson, Limoges. — Quatre vaches limousines.

147 — 283 — Veuve Mauransanne, Limoges. — Deux vaches limousines, une vache agenaise-limousine.

148 — 285 — Grosdeveau, La Chapelle-Montbrandeix-St-Mathieu (Hte-Vienne). — Un taureau.

149 — 289 — Martial-Alexandre Neners, St-Yrieix (Hte-Vienne). — Un taureau, deux vaches, race limousine.

150 — 320 — Constant, Eyjaux (Hte-Vienne). — Une génisse limousine.

151 — 322 — Mme de Roulhac, Limoges. — Un fort veau, race limousine.

152 — 323 — Pierre Descubes, Saint-Victurnien (Hte-Vienne). — Deux taureaux et une génisse, race limousine.

153 — 334 — Eugène Pouyat, Limoges. — Trois vaches limousines, deux vaches durham pur sang, un taureau, race limousine.

154 — 336 — Henri Michel, Limoges. — Huit vaches pur sang durham, deux vaches durham-limousines, un taureau durham.

155 — 349 — Barbou des Courrières, Limoges. — Un taureau limousin, deux vaches.

156 — 359 — Gustave Jouhaud, Isle (Hte-Vienne. — Un taureau limousin.

157 — 366 — Louis Paturet, Limoges. — Deux taureaux, trois vaches, race limousine.

158 — 369 — Louis Pouyat, Limoges. — Quatre vaches, un taureau, race limousine.

159 — 372 — Jeanne Meunier, St-Brice (Hte-Vienne). — Une vache, race limousine.

160 — 386 — Guillaume-Antoine Brigueil, Limoges. — Quatre vaches, race pure limousine et croisée agenais-limousine.

161 — 414 — Psalmet de Venteaux, St-Jean-Ligoure (Hte-Vienne). — Une vache limousine et un taureau limousin.

162 — 415 — Boudet-Laplaud, d'Oradour (Hte-Vienne). — Deux vaches limousines, un taureau limousin.

163 — 416 — A. de Lespinatz, Séreilhac (Hte-Vienne. — Deux taureaux limousins.

164 — 437 — Alfred Guibert, Panazol (Hte-Vienne). — Une vache, race cotentine.

165 — 438 — Léonard Ruaud, Limoges. — Une vache suitée, race limousine, un taureau, même race.

166 — 444 — Eugène Lepaulmier, St-Bonnet-Larivière Hte-Vienne). — Un taureau, race limousine.

167 — 480 — Fizot-Lavergne, Limoges. — Deux jeunes vaches, race limousine.

168 — 486 — Marquis Desmaisons de Bonnefond, St-Just (Hte-Vienne). — Deux taureaux limousins.

169 — 498 — Martial Vallière, St-Léonard (Hte-Vienne. — Une vache limousine suitée.

170 — 499 — Jean-Baptiste Daniel, St-Léonard (Hte-Vienne). — Deux vaches et leurs veaux, race limousine.

171 — 503 — Léonard-Antoine Parrelon, St-Léonard Hte-Vienne). — Deux vaches limousines, dont une suitée

172 — 508 — Veuve Nicot, Limoges. — Deux vaches, deux taureaux, race limousine.

173 — 506 — Joseph de Bony, Nexon (Hte-Vienne). — Une vaches, deux génisses, race limousine.

174 — 510 — Forest-Defayes, Pleinartiges (Hte-Vienne). — Un taureau limousin.

175 — 532 — Gustave de Juniat, Chamboret (Hte-Vienne). — Un taureau, race limousine.

176 — 535 — François Baju, Nantiat (Hte-Vienne). — Un taureau limousin.

177 — 545. — Barthélemy Couturier, Limoges. — Un taureau, une génisse, race limousine.

178 — 546 — Martial Faure, Pierrebuffière (Haute-Vienne. — Un taureau limousin.

179 — 547 — Adolphe Noualhier, Berneuil (Haute-Vienne). — Un taureau limousin.

180 — 553 — Navières-Dutreuil, Blond (Haute-Vienne). — Une vache race limousine, une vache croisée limousine-agenaise.

181 — 561 — B. Avanturier, Limoges (Haute-Vienne). — 2 vaches limousines, dont une suitée, une croisée limousine-suisse.

182 — 569 — Rouard des Cars, Aixe (Haute-Vienne). — Une vache et un taureau race limousine.

183 — 135 — Baron de Nexon, Nexon (Haute-Vienne). — un taureau durham, une vache durham suitée, un taureau limousin, une vache agenaise suitée.

184 — 568 — Cte de la Borderie, Châlus (Hte-Vienne). — un taureau race limousine.

185 — 574 — Firmin Pougeard, Chéronnac (Haute-Vienne). — Un taureau race limousine.

186 — 591 — Achille Caillaud, Châtenet-en-Doignon (Haute-Vienne). — Un taureau limousin.

187 — 608 —

188 — 609 — Eugène Defaye, Faye (Haute-Vienne). — Un taureau, une vache race limousine.

189 — 624 — Chaisemartin, Limoges. — 2 vaches suitées race limousine.

190 — 644 — Pierre Jeannely, Isle (Hte-Vienne). — Une génisse limousine.

191 — 660 — Comte Joseph-Antoine de Bonny, Saint-Priest-Ligoure (Haute-Vienne). — Vache suitée croisée bretonne-limousine.

192 — 677 — Mlle Lebloys de Rozier, Saint-Léonard Hte-Vienne. — Un taureau race limousine.

193 — 49 — Alphonse Barret-Bois-Bertrand, Chéronnac (Hte-Vienne). — Une vache race limousine pur sang.

194 — 689 — F.-L. Puymaury, Château-Chervix (Hte-Vienne). — Un taureau, une vache race limousine.

195 — 695 — Vicomte de Lalande, Neuvillard-Saint-Bonnet-Larivière (Hte-Vienne). — 4 vaches suitées race limousine.

196 — 727 — Martial Thomas, Solignac (Hte-Vienne). — Un taureau race limousine.

197 — 737 — Pierre Lebur, Bersac (Hte-Vienne). — 2 vaches race limousine.

198 — 738 — Chatard, Beaupeyrat (Haute-Vienne). — Une vache suitée limousine.

199 — 744 — Ph. Mignot, Bersac (Hte-Vienne). — Un taureau limousin.

200 — 779 — Em. Esmoingt de Lavaublanche, Gorre (Haute-Vienne). — Un taureau limousin.

201 — 793 — Léonard Blanchon, Limoges. — 2 taureaux, 1 limousin et 1 croisé, une vache limousine.

202 — 798 — Armand Noualhier, Limoges. — 2 vaches limousines, 2 vaches durham.

203 — 815 — Bugeaud de La Bastide, Coussac-Bonneval (Haute-Vienne). — Une génisse limousine.

204 — 871 — De Larivière Duqueyroix, Limoges. — Un taureau, une génisse race limousine.

205 — François Robert, Aixe (Haute-Vienne). — Un taureau race limousine.

206 — 904 — Comte de La Salvanie, au Mazeau, près Limoges. — 2 taureaux.

207 — 899 — Mme veuve Laforest, Limoges. — 2 vaches limousines.

208 — 996 — Adolphe Jeanneaud, Limoges. — Une génisse limousine.

209 — 1121 — Mlle Eulalie Ruaud, Bournazaud (Hte-Vienne). — Une vache pleine, race liancourt.

210 — 1122 — Lajudie, Limoges. — Une paire de vaches suitées, race limousine.

211 — 910 — Claude Verrier, Saint-Léonard (Haute-Vienne). — Une vache limousine.

212 — 156 — Aimé Behanjon, Saint-Bonnet-la-Rivière (Hte-Vienne). — Un taureau race limousine.

213 — 628 — Armand Daubin, Magnac-Laval (Haute-Vienne). — 2 vaches durham pur sang.

214 — 1123 — Veuve Pradier, Limoges. — 2 vaches limousines.

SECTION DE L'AGRICULTURE.

2ᵉ GROUPE. — 2ᵉ CLASSE.

Race ovine. — Animaux reproducteurs.

(16 Exposants.)

215 — 129 — Veuve Guérin, Limoges. — 60 brebis race mérinos et croisée.

216 — 145 — Baron de Nexon, Nexon (Hte-Vienne). — Un bélier hampsin-down, 10 brebis même race.

217 — 245 — De Bruchard, directeur, Chavaignac (Hte-Vienne). — 2 béliers, 5 brebis.

218 — 364 — Puybaudet, Saint-Priest-le-Betoullet (Haute-Vienne). — 1 bélier, 3 brebis.

219 — 320 — Constant, Pierrebuffière (Haute-Vienne). — 1 bélier, 5 brebis race croisée.

220 — 349 — Nicolas Bonnet, Limoges. — 1 bélier, 3 brebis suitées race croisée.

221 — 386 — Henri Michel, Vigen (Haute-Vienne). — 3 lots de brebis Southdown, 3 béliers.

222 — 359 — Gustave Jouhaud, Limoges. — Une chèvre.

223 — 425 — Henri Duboys, Limoges. — Un lot de brebis.

224 — 498 — Martial Valière, Saint-Léonard (Haute-Vienne). — 2 béliers limousins.

225 — 545 — Adolphe Noualhier, Berneuil (Haute-Vienne. — 1 bélier, 6 brebis.

226 — 648 — Jacques Leclerc, Langle (Hte-Vienne). — 10 moutons.

227 — 652 — Edmond des Termes, Bellac (Hte-Vienne). — 1 bélier métis Southdown limousin.

228 — 528 — Jean-Baptiste Malbay, Razès Hte-Vienne. — 1 bélier, 5 brebis, 6 agneaux.

229 — 498 — Armand Noualhier, à Limoges. — Une chèvre limousine.

230 — 1124 — Mᵐᵉ de La Couture, Chapelle-Blanche-Haute. — Une brebis poitevine, 1 bélier, 2 agneaux.

SECTION DE L'AGRICULTURE.

2ᵉ GROUPE. — 3ᵉ CLASSE.

Race Porcine. — Animaux reproducteurs.

(25 Exposants.)

231 — 77 — Paul Besse, Limoges. — 30 porcs.

232 — 245 — De Bruchard, directeur, Chavaignac, (Hte-Vienne). — Une truie suitée limousine.

233 — 220 — Pierre Pallier, Laroche (Haute-Vienne). — Un porc verrat tonkin, grande race.

234 — 256 — Pierre Narde, Saint-Paul (Hte-Vienne). — Une truie Leycester suitée.

235 — 265 — Baptiste Chauly, Limoges. — Une truie suitée.

235 — 273 — Victor Peyrusson, Limoges. — Un lot de 40 porcs, races diverses.

237 — 283 — Veuve Maurensanne, Limoges. — Une truie race limousine.

238 — 319 — Nicolas Bonnet, Limoges. — Truie suitée.

239 — 336 — Henri Michel, Solignac (Hte-Vienne.) — 2 truies New-Leycester et 2 verrats même race.

240 — 285 — Grosdeveau, Saint-Mathieu (Hte-Vienne). — Une truie anglaise.

241 — 306 — Baptiste Avanturier, Limoges. — 2 truies suitées, race croisée limousine-Leycester.

242 — 336 — Louis Paturet, Limoges. — Une truie.

243 — 369 — Louis Pouyat, Limoges. — 2 truies races croisées Leycester.

244 — 416 — De Lespinatz, Séreilhac (Haute-Vienne). — Une truie race hanpshire, une truie race craonaise, un verrat hanpshire.

245 — 425 — Henri Duboys, Nexon (Haute-Vienne). — Une truie.

246 — 440 — Jean Maumont, Saint-Bonnet-la-Rivière (Haute-Vienne). — Une truie suitée.

247 — 444 — Eugène Le Paulmier, Saint-Bonnet-la-Rivière (Haute-Vienne). — Un verrat, une truie.

248 — 445 — Jean Demars, Linards (Haute-Vienne). — 2 verrats.

249 — 532 — Pierre de Juniat, Chamborest (Haute-

Vienne). — Un verrat race craonaise, un verrat race croisée.

250 — 135 — Baron de Nexon, Nexon (Haute-Vienne).
— Un verrat race barshire, une truie même race.

251 — 176 — Frédéric Pétiniaud, Limoges. — Une truie
suitée, race croisée.

252 — 250 — Charles Claudin, Coussac (Hte-Vienne) —
Un verrat race hamphsire, une truie suitée idérat.

253 — 503 — Edouard Parelon, Saint-Léonard (Haute-
Vienne). — Une truie suitée.

254 — 723 — Léonard Blanchon, Limoges. — Une truie
limousine.

255 — 835. — Lajudie, négociant, Limoges. — Une truie
croisée anglaise et suitée.

SECTION DE L'AGRICULTURE.

2ᵉ GROUPE. — 4ᵉ CLASSE.

Races de basse-cour. (Producteurs).

(20 Exposants.

256 — 248 — Jean Mallet, Limoges (Haute-Vienne). —
4 poules ou coqs.

257 — 273 — Victor Peyrusson, Séreilhac (Hte-Vienne).
— 12 poules et coqs.

258 — 283 — Veuve Mauransanne, Limoges. — (Haute-
Vienne). — Un lot de volailles.

259 — 321 — Etienne Savoyaud, Limoges. — Un lot de
volailles.

261 — 444 — Eugène Lepaulmier, Saint-Bonnet-la-Rivière. — 2 canards.

262 — 136 — Baron de Nexon, Nexon (Haute-Vienne).
— Un lot de volaille, races brama-poutra, crève-cœur.

263 — 482 — Chaput, La Geneytouse (Hte-Vienne). —
Un lot de volailles.

264 — 782 — Cibot fils, Limoges (Haute-Vienne). —
Un lot de volailles.

265 — 787 — Pierre Odet, Saint-Junien (Hte-Vienne).
— Un lot de volailles.

266 — Jean-Emmanuel Debrugière, Peyrat-le-Château (Haute-Vienne). — Un coq de pêche.

267 — 798 — Armand Noualhier, Limoges. — Un coq race brama-poutra, une poule même race.

268 — 516 — Parcelier frères, Aixe (Hte-Vienne). — 2 poules et 2 coqs.

269 — 874 — Paul Besse, Limoges. — 4 lots de volailles races brama, porter, crève-cœur, padoue, cochinchinoise.

270 — 900 — Jagot-Lachaume, Eymoutiers (Hte-Vienne). — Un coq, une poule.

271 — 285 — Paul Granseigne, Sainte-Marie-de-Veaux (Haute-Vienne). — 2 oies.

272 — 974 — Antoine Grasser, Limoges. — Un coq et une poule.

273 — 986 — Thomas aîné, Limoges. — 2 lots de volailles.

274 — 1065 — Mlle Eulalie Ruaud, au Bournazeau (Hte-Vienne). — Un lot de volailles.

275 — 1078 — Biscuit, Limoges. — Un lot de volailles.

SECTION DE L'AGRICULTURE.

3e GROUPE. — CLASSE UNIQUE.

Race chevaline.

23 Exposants.

304 — 1092 — Comte de Coux, Saint-Jean-Ligoure (Haute-Vienne). — 2 poulains pur sang anglais.

305 — 1093 — Descubes-Saint-Désir, Chandiat-St-Junien. — Une pouliche demi-sang.

306 — 1094 — Georges de Larivière, Limoges. — 2 juments suitées pur sang, une pouliche *idem*.

307 — 1095 — Eugène Pouyat, Faugeras, près Limoges. — 2 juments suitées pur sang, une pouliche *idem*.

308 — 1096 — Roulhac de Mazandrieux, Roulhac, près Limoges. — Une jument anglo-arabe, une pouliche idem, une jument limousine.

309 — 1097 — Comte A. de Bony, Marginier, près Limoges. — Une jument pur sang.

310 — 1098 — Henri Duboys, Limoges. — Une pouliche
pur sang arabe.

311 — 1099 — Laurent Boucheron, Limoges. — 2 pouliches arabes pur sang.

312 — 1100 — De Lespinatz, Séreilhac (Hte-Vienne).
— Une jument arabe pur sang, une pouliche anglo-arabe.

313 — 1101 Jules Dumont-Saint-Priest, Limoges. — 2
juments arabes pur sang.

314 — 1102 — Léonard Grateyrolle, Bellac (Hte-Vienne). — Une pouliche.

315 — 1103 — P. de Venteaux, Saint-Jean-Ligoure,
près Limoges. — 2 juments anglaises pur sang.

316 — 1104 — Henri Barbou des Courrières, au Vicq,
près Limoges. — Une jument, 2 pouliches, 2 poulains pur
sang anglais. — Une jument, une pouliche pur sang
arabe.

317 — 1105 — Maillard de La Couture, Limoges. — Une
jument, une pouliche pur sang.

318 — 1106 — Moreau-Lajarrige, château de Dampierre
Hte-Vienne. — Une jument, une pouliche, demi-sang
anglais, une jument anglo-arabe.

319 — 1107 — Pouchat, Aixe (Hte-Vienne). — Une jument.

320 — 1108. — Marquis Desmaisons de Bonnefond,
Bonnefond, près Limoges. — Un poulain pur sang, une
jument suitée anglo-arabe.

321 — 1109 — Henri Colon, Limoges. — Un poulain
demi-sang.

322 — 1110 — Charles Nicot, Limoges. — Une jument,
une pouliche demi-sang.

323 — 1111 — Paturet, Limoges. — Une pouliche anglo-arabe.

324 — 1112 — Henri Vergniaud, Limoges. — 2 pouliches pur sang.

325 — 1113 — De La Vareille, château de Saint-Léger
Hte-Vienne). — Une jument pur sang arabe.

326 — 1114 — Baron de Nexon, au château de Nexon
Hte-Vienne). — 1 étalon, 6 juments suitées, 3 pouliches
de 2 ans, 2 poulains pur sang anglais. — Une jument suitée limousine, une pouliche idem, 2 pouliches arabes.

SECTION DE L'INDUSTRIE.

1er GROUPE. — 1re CLASSE.

Mines et Produits métallurgiques.

Extraction et traitement des minerais : Minerais d'argent, de plomb, d'étain et de fer. Minéraux divers.

(14 Exposants.)

326 *bis* 217 — Bordonne, Limoges. — Sulfures, phosphates et carbonates de plomb.

327 — 694 — François Boileau, Saint-Yrieix (Haute-Vienne). — Minéraux.

328 — 462 — Louis Bordet, gérant de forges, Commentry (Allier). — Minerais de fer.

329 — 952 — Croc fils, Aubusson (Creuse). — Minéraux.

330 — 747 — Pierre-Jules Delpeyroux, Nespouls (Corrèze). — Minerais de fer.

331 — 184 — Raoul Destrem et Cie, Paris. — Minerais d'étain et de plomb, Cieux (Hte-Vienne). — Argentifère, wolfram, Alloue (Charente). — Plans en relief et produits de l'exploitation.

332 — 92 — Fougeras et Jardon, Champlaurier (Charente). — Minerais de fer.

333 — 707 — Eugène Godefroy, Cieux (Haute-Vienne). — Machine pour le lavage et la concentration des minerais précieux.

334 — 16 — Kœller et Jacob, Saint-Léonard (Hte-Vienne), et Vienne (Autriche). — Wolfram de Saint-Léonard et d'autres provenances. Aciers wolframifères.

335 — 133 — Laussedat, Clermont (Puy-de-Dôme). — Pétrifications.

336 — 970 — Ferdinand Seguin, Limoges. — Sulfate de cuivre pris à la surface.

337 — 580 — Desches, Coussac-Bonneval (Hte-Vienne). — Fer titané.

338 — 519 — Hippolyte Maret, Bessous (Hte-Vienne).
— Minerai de plomb argentifère.

338 *bis* — » — Lanson, Limoges. — Pierres pour la
bijouterie provenant de la Hte-Vienne.

1er GROUPE. — 2e CLASSE.

Extraction et préparation des combustibles minéraux : Anthracites,
houilles et cokes, houilles anthraciteuses. Tourbe naturelle, préparée ou carbonisée.

(7 Exposants.)

339 — 1005 — Boignes, Rambourg et Cie, Commentry (Allier). — Houilles.

341 — 435 Challeton, de Brughat (Allier), Montanger
(Seine et Oise). — Tourbe préparée, charbons.

342 — 662 — Société de Commentry et Châtillon. —
Houilles et cokes.

343 — 82 et 83 — Palotte Émile-Jacques. — Roussel
et Cie, Paris. — Houilles et cokes d'Ahun de toute nature. (Mines du Nord et du Sud).

344 — 315 — Joseph-Eugène de Saint-Ours, Sarlat
(Dordogne). — Ligno-coke.

345 — 274 — Gustave de Saint-Phalle, Montet-aux-
Moines (Allier). — Houille.

346 — 603 — Sauvage aîné, Brive (Corrèze). — Houille
grasse de Lapleau.

1er GROUPE. — 3e CLASSE.

Métaux, Fer, Fonte, Acier, Étain.

(36 Exposants.)

347 — 308 — Auconsul, Lubersac (Corrèze). — Fer et
fonte.

348 — 48 — Barret-Boisbertrand, Peyrassoulat, commune de Cheronnac (Hte-Vienne). — Fer.

349 — 1005 — Boignes, Rambourg et Cie, Commentry
et Montluçon. — Fontes et roues de wagon.

350 — 5 — Bonillon jeune et fils, Limoges. — Produits
divers de métallurgie du fer.

351 — 462 — Forges de Châtillou et Commentry, Commentry (Allier). — Fer, fontes et tôles.

352 — 665 — Société du Chavanon, au Chavanon (Corrèze). Fontes moulées.

353 — 173 — Cherade de Montbron, Chauffailles (Hte-
Vienne). — Fer au bois.

354 — 767 — Cordebart, Angoulême. — Métaux fondus, moulerie de 2me fusion.

355 — 70 — Desplaces et Cie, Lagrèneric (Corrèze). —
Fers et fontes au bois.

356 — 994 — Doursout frères, Périgueux. — Fers pud-
lès.

357 — 805 — Flavien Duplantier, au Buisson, commune de Chéronnac (Hte-Vienne). — Fers et aciers.

358 — 558 — Durand jeune et Picaud, Périgueux. —
Produits métallurgiques.

359 — 571 — Étienne et Cie, au Glandier (Corrèze). —
Fers martelés au charbon de bois.

360 — 92 — Fougerat et Jardon, Champlaurier, commune de Nieul (Charente). — Fers et fontes.

361 — 789 — Victor Gouguet, Angoulême. — Fers,
aciers, cuivre.

362 — 809 — Grenouillet, Mavaleix, arrondissement
de Nontron (Dordogne). — Fontes au bois, fers forgés.

363 — 685 — Holagray et Doursout, Bordeaux et Périgueux. — Fers pudlés.

364 — 604 — Hugonnaud-Lessard, La Couade (Haute-
Vienne). — Fer doux martelé.

365 — 584 — James Jackson fils, Saint-Severin (Gironde). — Fers, aciers fondus.

366 — 859 — Comte de Laboissière, château de Lâge
(Charente). — Fers et tôles.

367 — 981 — Lessard, La Couade (Haute-Vienne). —
Aciers et fers.

368 — 715 — Lévêque, au lieu du Coupar, banlieue
de Tulle. — Fer.

369 — 808 — Malevergne de Lafaye, Limoges. — Fer
au bois.

370 — 570 — Emile Martin, Sireuil (Charente). — Métallurgie du fer.

371 — 793 — Martinet et Cie, fourneau du Noyer, commune de Brives (Indre). — Fontes, et fers affinés.

372 — 309 — Petin, Gaudet et Cie, Vierzon (Cher). —
Fers, fontes et aciers.

373 — 345 — De Saint-Ours, Sarlat (Dordogne). — Fers, meules, ligno-coke.

374 — 749 — Sauvage et Filliol, Tulle. — Fonte de fer.

375 — 716 — Villemaine, Limoges. — Fonte de fer 2me fusion.

376 — 680 — Zani père et fils, Clermont-Ferrand. — Poterie d'étain.

377 — 582 — Pasquet-Roux, Issoudun. — Fontes, beffrois de moulin.

378 — 1067 — Blanchon-Lasserve, La Chapelle-Nontron (Dordogne). — Fontes et fer.

379 —

380 — 1068 — Blanchon fils, Lamothe-Feuillade (Charente). — Fontes au bois.

381 — 915 — Le comte de Béarn, Laroche-Beaucourt (Dordogne). — Poterie de fontes.

382 — 1089 — Charles Maridet, Limoges. — Fontes de 2me fusion.

1er GROUPE. — 4e CLASSE.

Emploi des Métaux.

Armes, Chaudronnerie et Ferblanterie, Maréchallerie, Coutellerie, Objets en fer forgé, Joaillerie et Bijouterie.

(37 Exposants.)

1° Armes.

383 — 704 — Manufacture impériale de Châtellerault, Châtellerault (Vienne). — Armes.

384 — 65 — Manufacture impériale de Tulle, Tulle (Corrèze). — Armes.

385 — 960 — Pierre Peyrafort, Tulle (Corrèze). — Un fusil et 2 platines.

386 — 602 — Pillière, chef armurier du 28e, Limoges. — Tableau concernant les armes.

2° Chaudronnerie, Ferblanterie.

387 — 980 — Botte, Clermont (Puy-de-Dôme). — 2 lampes économiques.

388 — 496 — Etienne Chaussade, St-Léonard (Haute-Vienne). — Chaudronnerie et ferblanterie.

389 — 978 — Georges-Frédéric Gruet, Bordeaux (Gironde). — Lampes.

390 — 88 — Verrier-Montagnère cadet, Saint-Léonard (Haute-Vienne). — Chaudronnerie au martinet.

3° Maréchallerie.

391 — 271 — Jean Berbessou, Châlus (Hte-Vienne). —Un travail à ferrer, un appareil pour arrêter les chevaux fougueux.

392 — 504 — Annet Beyraud, Saint-Léonard (Haute-Vienne). — Maréchallerie.

393 — 674 — Pierre Chaumoude, Limoges. — Fer à cheval.

394 — 898 — Léonard Buisson, Limoges (Hte-Vienne). — Assortiment de fers à cheval.

395 — 106 — Jean Chartier, Limoges. — 4 formes de fer à cheval.

396 — 866 — Annet Duguet, Mialet (Dordogne). — Modèle de machine à fabriquer les fers à cheval.

397 — 995 — Guibert, Martel (Lot). — Fers à cheval, taillanderie.

398 — 297 — Antoine Lavey, Limoges. — 12 modèles de fers à cheval.

399 — 218 — Jean Mallet, Limoges. — Maréchallerie.

400 — 440 — Maumont, Saint-Bonnet-la-Rivière (Hte-Vienne). — Fers à cheval.

401 — 794 — Chazeaud, Bessines (Hte-Vienne). — Fers à cheval et appareil pour remédier à la perte de l'ongle.

4° Coutellerie.

402 — 542 — Péret-Barrière, Thiers (Puy-de-Dôme). — Coutellerie.

403 — 990 — Chardon et Joanny, Thiers (Puy-de-Dôme). — Coutellerie.

404 — 577 — Jean Chaverlauge, Lavergnolle (Haute-Vienne). — Nouveau procédé pour le repassage des rasoirs.

405 — 1000 — Barthélemy Ducourtieux, Limoges. — Un tranchet à 2 lames.

406 — 720 — Dumas et Gérard, Thiers (Puy-de-Dôme). — Rasoirs, couteaux et ciseaux.

407 — 832 — Gérodias Chabrol, Thiers (Puy-de-Dô-me). — Coutellerie.

408 — 839 — S.-Joanis Blondel, Thiers (Puy-de-Dôme). — Coutellerie.

409 — 852 — Lagarde et Monatte, Thiers (Puy-de-Dôme). — Coutellerie en tous genres.

410 — 339 — Jean Laville, Puy-Redon (Hte-Vienne). — Bandages.

411 — 946 — Renardias-Tarpoux, Thiers (Puy-de-Dôme). — Coutellerie en tous genres.

412 — 560 — Taillandier, Aymar fils et Cie, Thiers (Puy-de-Dôme). — Ciseaux et couteaux fins.

413 — 1049 — Manœuvrier fils, Limoges. — Coutellerie.

5° Objets en fer forgé.

414 — 637 — Jean-Baptiste Lefort, Villars, près Nantiat (Hte-Vienne). — Fer travaillé au marteau.

415 — 494 — François Marraud, Clavière (Hte-Vienne). — Truelles.

416 — 335 — Thomas aîné, E. Rivaud et Cie, Trouvres (Charente). — Poêles à frire, pelles diverses, essieux.

6° Bijouterie et Joaillerie.

417 — 93 — Prud'homme fils et Beaulieu, Limoges. — Bijouterie.

418 — 640 — J.-B. Réné-Ruben, Limoges. — Bijouterie, produits divers.

419 — 30 — François Villegoureix, Limoges. — Bijouterie, joaillerie.

2° GROUPE. — 5° CLASSE.

Machines industrielles, Outils et Appareils divers.

Arts mécaniques, Machines.

420 — 686 — Adrieux (François), Limoges. — Un métier à tisser.

421 — 223 — Barbier et Daubrée, Clermont-Ferrand. — Un locomobile à double enveloppe, une machine oscillante à générateur Larmanjat, une machine à vapeur horizontale, un moulin de deux paires de meules, un générateur (serpentin) Larmanjat, 4 pompes aspirantes et

foulantes (système Faure), appareil Caffard pour eaux gazeuses.

422 — 634 — Barny, serrurier, Limoges. — Une vitrine contenant une serrure.

422 *bis* — 360 — Baudry et Alamigeon, mécaniciens, Angoulême. — Dessin de leurs machines à papier.

423 — 1083 — Baudouin (Félix), poulieur-sculpteur, La Rochelle. — 3 paires de moufles (systèmes divers), un modèle de figurine de navire.

424 — 196 — Bernardeau, fabricant de ouate, Limoges. — Une peloteuse, une bobineuse.

424 *bis* — 1048 — Biard (Eugène), Bordeaux. — Une ratière, un piége pour les oiseaux.

425 — 585 — Bert (Louis) et Cie, Bordeaux. — Une échelle de sauvetage.

426 — 247 — Bordonne, ingénieur, Limoges. — Une presse typographique. — Un dynamogène.

427 — 829 — Brousseaud, constructeur, Le Dorat. — Une machine à graisser les voitures.

428 — 939 — Brussaut (Alphonse), constructeur, Bordeaux. — Divers circonverteurs pour volants de machines.

429 — 724 — Bussière (Jean), facteur rural, Mézières (Haute-Vienne). — Une fileuse.

430 — 98 — Camus (Jean) dit Malois, Limoges. — Un tour à polir la porcelaine, 3 navettes en fer.

431 — 661 — Canon (Théodore), ajusteur, Rochefort. — Une machine à carder et à filer.

432 — 1088 — Carreau, aiguilleur, Moulins (Allier). — Signal avec appareil détonnant pour chemins de fer.

433 — 657 — Chassin frères et David, constructeurs, La Couronne, près Angoulême. — Une coupeuse à papier, une coupeuse de paille pour le papier.

434 — 1127 — Coussy (Mathieu) serrurier, Limoges. — Une forge à battre les faux.

435 — 155 — Dubouché, quincaillier, Limoges. — Une machine à tailler le sucre, une machine à fendre les souches, une machine à battre les faux.

436 — 161 — Duboucheron, mécanicien, Nieul (Haute-Vienne). — Une vitrine contenant divers objets de serrurerie.

437 — 866 — Duguet (Annet), maréchal, Mialet (Dordogne). — Une machine à fabriquer les fers pour chevaux.

438 — 1053 — Dumas (Jean-Baptiste), ingénieur. — Clermont-Ferrand. — Un modèle de pont (nouveau sys-

tème), avec tableau explicatif; une machine pour transformation du mouvement circulaire en rectiligne, avec tableau explicatif; 3 serrures avec cache-entrée; un portefeuille fermant à secret.

439 — 533 — Duval (Auguste), mécanicien, Paris. — 4 machines à percer les bandes de roues.

440 — 355 — Guitard, taillandier, Solignac (Haute-Vienne). — Tarières pour percer les bois.

441 — 15 — Koeller et Bort, ingénieurs, Limoges. — Machine mue par la vapeur du sulfure de carbone.

441 *bis* — 1131 — Laporte, coutelier, Limoges. — Un appareil pour redresser les jambes des enfants.

442 — 282 — Larue (Jean-Baptiste), fabricant, Limoges. — Une machine à épurer l'huile à brûler.

443 — 755 — Lassalle (Antoine), mécanicien, Limoges. — Une machine à papier; une machine à couper la paille pour papier; 5 cylindres de machines à papier.

444 — 494 — Maraud (François), taillandier, Nantiat (Haute-Vienne). — Truelles de maçon.

445 — 752 — Montazel, horloger, Brive (Corrèze). — Un passe-fil pour les aiguilles.

446 — 207 — Monteil, serrurier, Limoges. — Un tronc pour église.

447 — 111 — Mourot et Marquet, fabricants, Limoges. — Un appareil pour la cuisson de la porcelaine à la houille.

448 — 836 — Nanet (Pierre), fabricant, Limoges. — 2 formes à papier.

448 *bis* — 343 — Noussac (Jean), forgeron, Limoges. — 2 mouchettes pour conduire les taureaux.

449 — 582 — Pasquet-Roux, mécanicien, Issoudun. — Une machine à vapeur locomobile.

450 — 275 — De Saint-Phalle, directeur des houillères, Le Montet (Allier). — Une pompe d'épuisement.

451 — 977 — Pradeau (Martial-Augustin), fabricant, Limoges. — Un épurateur pour le gaz.

452 — 375 — Raboisson et Cie, constructeurs, Bordeaux. — Un pétrin mécanique pour la boulangerie.

453 — 1126 — Royer (Jean-Baptiste), fabricant, Limoges. — Un ferme-porte.

454 — 54 — Tritschler, mécanicien, Limoges. — Deux caisses (coffre-fort); un modèle de moulin à pâte à porcelaine; une machine à compter et à mesurer les fils pour tissus; une presse à vis; deux vis.

455 — 1029 — Vacquand (Élie), fabricant, Limoges. — Un seau d'incendie.

2ᵉ GROUPE. — 6ᵉ CLASSE.

Horlogerie, Poids et Mesures, et Instruments de précision.

Arts mécaniques, Arts de précision.

1° Horlogerie.

456 — 924 — Bonnetaud (Pierre), charpentier, moulin Rabot, commune d'Isle (Haute-Vienne). — Horloge.

457 — 467 — Bureau (Jean), cultivateur, La Chapelle, commune d'Isle (Haute-Vienne). — Une pendule mécanique faite sans notions d'horlogerie.

458 — 873 — Caura, ouvrier, Limoges. — Un boîtier de montre en bois.

459 — 753 — Darnis aîné (Joseph-Firmin), Terrasson (Dordogne). — Six cabinets d'horloge vernis.

460 — 407 — Lamy et Prince, horlogers, Clermont-Ferrand. — Une horloge avec son cabinet.

461 — 984 — Masson (Alexandre), horloger, Argenton (Indre). — Une pendule calendrier à secondes; un balancier horizontal compensateur; un chronomètre; une pendule indiquant l'heure en différents pays.

462 — 134 — Péan, horloger (hors concours), Limoges. — Une vitrine contenant vingt-quatre montres; neuf pendules; cinq paires de candélabres; deux coupes pour garniture de cheminée.

463 — 168 — Robert (Adolphe), horloger, Sancerre (Cher). — Une vitrine contenant sept mouvements de pendule et une montre.

464 — 849 — Rodanet fils, horloger, Rochefort. — Un chronomètre.

2° Poids et Mesures.

465 — 86 — Jean Bétaud, tonnelier, Limoges. — Un double décalitre et un demi-décalitre.

466 — 687 — Pierre Burelou, forgeron, Saint-Hilaire-Bonneval (Haute-Vienne). — Trois boules en fer pour romaines.

467 — 181 — Léonard Dutreix et fils, balanciers, Limoges. — Romaines, balances et une bascule.

468 — 944 — Grx, boisselier, Poitiers. — Un demi-hectolitre et un double décalitre.

469 — 1055 — Pierre Moreau, ouvrier, Argenton (Indre). — Un double décalitre contenant trois liquides.

470 — 1040 — Ousty et Durand, balanciers, Limoges. — Une romaine.

471 — 352 — Peyrat et Cie, balanciers, Limoges. — Plusieurs fléaux de balances et romaines.

472 — 423 — Porcher et Patillaud, balanciers, Limoges. — Romaines, fléaux et une balance.

473 — 732 — Aubin Tallet, serrurier, Saint-Yrieix (Haute-Vienne). — Une bascule.

474 — 54 — Tritschler, mécanicien, Limoges. — Un pont à bascule et quatre bascules.

3° Instruments de précision.

475 — 854 — François Barbary, photographe, Guéret. — Deux châssis pour polissage des glaces servant à la photographie.

476 — 1083 — Félix Baudoin, poulieur et sculpteur, La Rochelle. — Un baromètre avec thermomètre et boussole.

477 — 587 — Martial Betoule, géomètre, Limoges. — Un niveau de pente à pinnule.

478 — 557 — Bourriet-Duvivier, distillateur, La Texandrie (Charente). — Un alcoomètre.

479 — 47 — Daudy aîné, dentiste, Limoges. — Deux tableaux dentaires.

480 — 647 — Jean-Baptiste Démerliac, ex-employé des ponts et chaussées, Corgnac, près Limoges. — Deux mires pour nivellement.

481 — 894 — Estorge, employé du chemin de fer, Limoges. — Instrument à cuber le bois.

482 — 887 — Fanty-Lescure, dentiste, La Rochelle. — Un tableau dentaire.

483 — 1087 — Félix, opticien, Limoges. — Lunettes et verres.

484 — 562 — Fontréaux Théophile, Saint-Junien (Haute-Vienne). — Deux règles à papier symétriques.

485 — 784 — Giovani, mécanicien, La Châtre (Indre). — Un dynamogène.

486 — 780 et 905 — Marrian Léonard jeune et fils, Tulle. — Une filière à vis et un compas à pointes.

487 — 599 — Peleau, poêlier, La Rochelle. — Une chaudière à éprouvette alcoomètre.

488 — 1054 — Pellegrue, propriétaire, Limoges. — Un appareil compositeur et traducteur pour la transmission télégraphique des dessins.

489 — 816 — Poncet (Gustave), fabricant d'instruments, Saint-Yrieix. — Un niveau.

490 — 452 — Virolle père, rentier, Limoges. — Quatre règles à papier symétriques.

3e GROUPE. — 7e CLASSE.

22 Exposants.

491 — 389 — Alifat, Limoges, rue du Clocher, 10. — Registres, livres et cartons.

492 — 10 — Martial Ardant frères, Isle, près Limoges. — Imprimerie, librairie.

493 — 348 — Barbou frères, Limoges. — Imprimerie, reliure.

494 — 763 — Bergaud-Camin, La Rochelle. — Un registre et son pupitre.

495 — 797 — J.-Bernard Champol, Tulle (Corrèze). — Objets typographiques.

496 — 962 — Cornoy et Gilet, Moulins. — Lithographies.

497 — 942 — Jérémie de Crossas, Limoges. — Lithographies.

498 — 225 — Desroziers et fils, Moulins. — Livres et lithographies en couleur.

499 — 193 — Ducourtieux, Limoges. — Typographie.

500 — 776 — G. Gounouilhoux, Bordeaux, place Puy-Paulin. — Imprimerie (3 volumes).

501 — 2 — Lafon, Limoges, rue des Taules. — Un registre, — lithographies.

502 — 102 — Louis Mérimée, Limoges, rue de Paris, 12. — 2 registres et papiers réglés

503 — 520 — L. Moreau, Bressuire (Deux-Sèvres). — Lettres en bois pour affiches.

504 — 735 — J. Muller, Larochelle, place de l'hôtel-de-ville. — Lithographies.

505 — 36 — Léonard Ogez, Limoges, rue du Clocher, 30. — Registres, cartonnage.

506 — 451 — Pierre Robert, Limoges, rue Fourie, 17. — Reliure, registres.

507 — 912 — Roche-Ardillier, Limoges, rue Ferrerie. — Registres, livres.

508 — 1020 — Joseph Roche, Limoges. — Registres.

509 — 768 — Roy jeune, Angoulême, faubourg L'Houmeau. — Un registre

510 — 13 — Samy , Limoges, rue Ferrerie. — Caracté
res typographiques.

511 — 123 — Ferdinand Thibaud, Clermont-Ferrand.
rue St-Genis, 10. — Impressions de luxe, reliure.

512 — 194 — Edmond Tudot, Moulins. — Stéréotypie.
lithographies.

3ᵉ GROUPE. — 8ᵉ CLASSE.

(24 Exposants.)

513 — 226 — Barataud-Vignerie , Saint-Junien. — Pa
piers de paille mécaniques.

514 — 539 — Chauveau et Cⁱᵉ, Saint-Junien (Haute-
Vienne. — Papiers de paille mécaniques.

515 — 124 — Céphase Cadhillac, Saint-Léonard (Hte-
Vienne). — Papiers de paille.

516 — 52 — Gustave Jouhaud et Cⁱᵉ, Isle. — Papiers
mécaniques.

517 — 122 — Fresseix fils, St-Léonard (Hte-Vienne).
— Papiers de paille.

518 — 422 — Jean forestier, Rochechouart (Hte-V.). —
Papiers de paille.

519 — 497 — Jean Jully, au Goth, près St-Léonard
(Hte-Vienne). — Papiers.

520 — 825 — Lacoste père et fils, au Mauroux, commune de Thiviers. — Papiers. Spécialité de cartiers.

521 — 534 — Veuve Lacoste, Condat. — Papiers de
paille.

522 — 655 — Laroche-Joubert, Dumergue et Cⁱᵉ, Angoulême. — Papiers; spécialité pour articles de luxe.

523 — 670 — Lebeau, Lotte et Cⁱᵉ, Montignac (Charente). — Feutres pour papeteries.

524 — 287 — Pagnoux fils aîné, St-Junien. — Papiers
de paille mécaniques.

525 — 675 — Pichot, Malapert et Cⁱᵉ, Poitiers, place
d'Armes, 20. — Papiers à tissus et papiers carbonifiés.

526 — 993 — Joseph Poulain, Saint-Junien. — Papiers
peints.

527 — 141 — Henri Boulhac, Limoges. — Papiers de
paille à bras.

528 — 305 — Rougerie jeune, St-Léonard. — Papiers.

529 — 119 — J.-B. Ruchaud, St-Léonard. — Papiers
de paille mécanique.

530 — 459 — Vicomte de Sédaiges, Clermont-Ferrand. — Papiers de diverses sortes.

531 — 1 — Thibaut et Defaye, aux Courrières, commune d'Isle. — Papiers mécaniques

532 — 626 — Troubat et Telliet, Saint-Junien. — Papiers de paille.

533 — 432 — A. Vorster, Montfourat (Gironde). — Papiers fins.

3ᵉ GROUPE. — 9ᵉ CLASSE.

(44 *Exposants.*)

534 — 108 — Antraigues et Cⁱᵉ, Limoges. — Peaux diverses pour chapellerie.

» 295 — Bernard Chauveau, St-Junien. — Ganterie.

535 — 847 — Berthet, Puybaraud et Peyrotte, St-Junien. — Ganterie.

536 — 869 — Bonnamour jeune, St-Pardoux-la-Rivière. — Tannerie, corroirie.

537 — 944 — Martial Boyer, Limoges. — Cuirs tannés et articles divers.

538 — 79 — Guillaume Brunerie, Eymoutiers. — Tannerie.

539 — 123 — Chanard, St-Léonard. — Tannerie, mégisserie.

540 — 75 — Louis Dejean, Limoges. — Ganterie.

541 — 504 — Dumas père, St-Léonard. — Mégisserie, tannerie.

542 — 502 — J.-B. James-Dumas, St-Léonard. — Corroirie pour cordonniers et sabotiers.

543 — 402 — Jules Dussoubs, St-Junien. — Ganterie.

544 — 870 — Ferrand, Saint-Junien. — Gants, peaux, laines.

545 — 99 — Fruchon jeune, Saint-Savin (Vienne). — Corroirie, tannerie.

546 — 786 — Louis-Pierre Gérald, Saint-Junien. — Ganterie.

547 — 708 — Goujaud jeune, Bellac. — Pelleterie.

548 — 267 — Jean Jollivet, Limoges. — Vernis pour cuirs et cuirs vernis.

549 — 663 — Juillet-Charpentier, Argenton. — Tannerie.

550 — 126 — François Lafond, St-Léonard. — Tannerie.

551 — 649 — Lambert et Rigaud, St-Junien. — Ganterie.

552 — 363 — Désiré Laroudie, Limoges. — Cuirs vernis, toiles vernies.

553 — 78 — J.-B. Lavergne, Eymoutiers. — Tannerie.

554 — 120 — Limousin père, St-Léonard. — Tannerie.

555 — 124 — François Magy, St-Léonard. —Tannerie.

556 — 125 — H. Maréchal et fils, St-Léonard. — Tannerie.

557 — 404 — Mazaud frères et Paulerie, St-Junien. — Ganterie.

558 — 495 — Louis, Victor et Eugène Méhaignerie, St-Martin-Ile-de-Rhé. — Corroirie.

559 — 229 — Pajaud fils, Argentat. — Tannerie.

560 — 573 — Vincent Pasquier fils, Poitiers. — Peaux dures pour fourrures.

561 — 114 — Patri aîné, Limoges. — Tannerie, corroirie.

562 — 529 — Etienne Patry jeune, Argenton. —Cuir tané (vache et bœuf).

563 — 651 — Perrain-Marin, Niort. — Tannerie, corroirie.

564 — 147 — Pouret et Cie, Beaulieu, commune d'Isle. — Cuirs vernis.

565 — 325 — S. Quéroy jeune, Bénévent-l'Abbaye. — Tannerie, corroirie.

566 — 596 — Jacques Reix, St-Junien. — Ganterie, mégisserie.

567 — 403 — Pierre Reix neveu, St-Junien. — Ganterie, mégisserie.

568 — 97 —Rigaud frères, St-Junien. —Ganterie, mégisserie.

569 — 465 —Rigaud-Quichaud, St-Junien. —Ganterie, mégisserie.

570 — 711 — Ch. Savard, Lussac-les-Châteaux. — Corroirie.

571 — 68 — Taptout fils aîné, Le Dorat. — Peaux blanches et cuirs fermes.

572 — 525 — Pierre Vallière, St-Léonard. — Peaux blanches.

3e GROUPE. — 10e CLASSE.

Produits chimiques. — Produits employés en Médecine.

(14 Exposants.)

573 — 979 — Etablissement thermal, Vichy et Paris.— Sels de Vichy, pastilles, etc.

574 — 772 — Florence Jarry et Cie, Argenton-le-Château (Deux-Sèvres). — Noir animal et animalisé pour engrais.

575 — 971 — Héritaud, La Rochelle (Charente-Inférieure). — Engrais.

576 — 14 — Kœller et Bord, Limoges. — Application du sulfure de carbone à l'extraction des huiles, etc.

577 — 937 — Louis Larue, Limoges. — Galvano-plastie.

578 — 615 — Lemaire et Cie, Marsac et Paris. — Produits chimiques à base d'alumine, alumine pure, bleus d'outre-mer, etc.

579 — 642 — Malsang, au Bouscat, près Bordeaux. — Produits chimiques, encre typographique et lithographique, graisse végétale.

580 — 1052 — Mille, Bourges.— Bleu pour azurer le linge.

581 — 524 — J.-B. Poitou et Cie, Eguzon (Indre). — Alun, sulfate de fer, bleu minéral, etc.

582 — 429 — Léon Sazerat, Limoges. — Produits chimiques et minéralogiques.

583 — 595 — Tessier frères, Bordeaux. — Engrais divers, essence, matières résineuses.

583 (1°) — » — d'Anduran, La Rochelle. — Médicaments.

583 (2°) — 996 — Aubergier, Clermont-Ferrand. — Opium indigène, lactueusorem, etc.

583 (3°) — 675 — Pichot et Malapeyre, Poitiers.

583 (4°) — 450 — Roux, La Rochelle. — Opium indigène, graines de pavots, etc.

3e GROUPE. — 11e CLASSE.

Corps gras. — Parfumerie et Colles animales.

(15 Exposants.)

584 — 610 — Léon Amene, Clermont-Ferrand. — Huiles, suif, etc.

585 — 476 — Amirault-Bastard et Perlat, Poitiers. — stéariques, cire blanche.

586 — 438 — Ardant-Majambost, Limoges. — Bougies. Bougies stéariques, cire blanche et noir animal pour agriculture.

587 — 442 — Balitrand, Limoges. — Huile de pieds de bœuf, chandelles, colle, engrais d'os albumine.

588 — 830 — Boutinot et Cie, Niort. — Huiles.

589 — 895 — François Gaillard, St-Junien. — Chandelles de résine.

590 — 834 — Hervy, Limoges. — Cire vierge, cierges.

591 — 364 — Humbert-Droz, Limoges. — Graisse pour machines.

592 — 583 — Lévy et Picard, Clermont-Ferrand. — Savon.

583 — 635 — Noirault-Goujon, Niort. — Colle forte et gélatine.

594 — 559 — Félix Quintard, Poitiers. — Bougies, chandelles.

595 — 785 — Rouzet, à La Gibraudie, Tulle. — Huiles.

596 — 46 — Batisson, Limoges. — Pommades, parfumerie, etc.

597 — 307 — Lucas, Limoges. — Pommades, parfumerie, etc.

598 — 37 — Veuve Véla, Limoges. — Préparation aromatique.

3e GROUPE. — 12e CLASSE.

Liquides. — Vins. — Eaux-de-vie. — Alcools. — Liqueurs. — Vinaigres. — Bières. — Boissons diverses. — Tonnellerie.

44 Exposants.

Vins. — Vinaigres. — Bières. — Boissons diverses.

599 — 71 — Bobin, Limoges. — Vins mousseux, limonades, etc.

600 — 150 — Bourgoin, La Tullette (Charente). — Vinaigres.

601 — 634 — Chesnau, Clermont-Ferrant. — Vinaigre.

602 — 781 — Cibot fils, Limoges. — Bière.

603 — 844 — Jules Creuse, Châtellerault. — Vin

604 — 766 — Michel Doué, Angoulême. — Limonades hygiénique et mousseuse.

605 — 853 — Florand, Bouchardon et Cie, Guéret. — Eau de seltz, limonade gazeuse, eau ferrée, vinaigre d'acide acétique.

606 — 488 — Frugier, Limoges. — Vinaigres.

607 — 673 — Guérin fils, au Fief-Galineau, près Niort. — Vinaigre.

608 — 483 — Pierre Imbert, Limoges. — Vinaigres d'agriculture.

609 — 629 — Jabely, Reneval-l'Abbaye (Creuse). — Bière.

610 — 581 — Lary, aux Vallées, près Brion (Indre). Vin.

611 — 409 — Leconte, Issoudun. — Vins alycorés.

612 — 679 — Masselon-Ferodet, Issoudun. — Vinaigres.

613 — 396 — Meyer, St-Yrieix. — Bière et tonneaux.

614 — 373 — Morterol et Dejean, Limoges. — Bière.

615 — 703 — Pram, arrondissement de Bordeaux. — Vin.

615 bis — » Propriétaires vinicoles du canton de Beaulieu (Corrèze). — Vins.

616 — 477 — Roblin et Dècle, Neuville-de-Poitou. — Vins et vinaigres.

617 — 909 — Rouhet et Cie, Rochechouart. — Bière.

618 — 1037 — Lorenzo Theulier, Thiviers. — Vin d'Ogre (Périgord).

Eaux-de-vie. — Alcools. — Liqueurs.

619 — 420 — Coudert et Chabrol, Limoges. — Liqueurs.

620 — 654 — Délor et Cie, La Rochefoucault. — Alcool de topinambour, rendu de topinambour.

621 — 863 — Fromy, Saint-Jean-d'Angely. — Eaux-de-vie.

622 — 778 — Green de Saint-Marsault et Cie, La Rochelle. — Eaux-de-vie.

623 — 745 — Grobot, La Rochelle. — Liqueurs. —

624 — 337 — Arsène Labastide (de), Magnac-Bourg. — Eau-de-vie de sorgho.

625 — 957 — Mahy (de), Escoire (Dordogne). — Alcool de sorgho.

626 — 857 — Massion-Magne, Saintes. — Liqueurs diverses.

626 *bis* — » — Monnet, Guéret. — Alcool sorgho.

627 — 904 — Radenne, St-Junien. — Liqueurs et confiseries.

628 — 230 — Sapin et Roulet, Limoges. — Liqueurs.

629 — 856 — Société des sciences naturelles de la Creuse, Guéret. — Alcool de sorgho, d'igname de Chine.

630 — 985 — Sieurac et Cie, Bordeaux. — Liqueurs.

631 — 638 — Tenacher, Chabanais. — Cassis, liqueurs.

631 *bis* — » — Theulier, Périgueux. — Liqueurs.

632 — 638 — Vallantin, Angoulême. — Liqueurs.

Tonnellerie.

633 — 86 — Jean Retaud, Limoges. — Tonneaux, mesures.

634 — 312 — Jean Jouhaud, Couzeix. — Cercles de diverses grandeurs.

635 — 344 — Jacques Riffaud, Limoges. — Cercles, lattes, treillages, etc.

636 — 884 — Rebeyrol-Chameyra, Saint-Yrieix. — Feuillards pour cercles et lattes.

637 — 740 — Sapin et Roulet, Limoges. — Tonneaux.

638 — 723 — Thalamy, Limoges. — Fûts perfectionnés.

639 — 358 — Jacques Thalamy fils, Limoges. — Baignoire en bois.

3ᵉ GROUPE. — 13ᵉ CLASSE.

Farines, Amidons, Pâtes, Pâtes et Conserves alimentaires, Chocolats et Confiserie; Fromages, Lait conservé, Conserves alimentaires.

35 Exposants.

Farines. Amidons. Pains. Pâtes alimentaires.

640 — 549 — Bernard des Chasteron, St-Junien (St Amand). — Farines brutes.

641 — 998 — Etienne Roudeau, Limoges. — Pains.

642 — 249 — Claudin, Coussac-Bonneval. — Fécule de pommes de terre, de marrons d'Inde.

643 — 910 — Féval, Limoges. — Pain remplaçant le biscuit.

644 — 705 — Hallary frères, Limoges. — Minot.

645 — 436 — Rossi et Faucher, Clermont-Ferraud. — Pâtes alimentaires.

646 — 614 — V. Roy et Berger, Poitiers. — Amidon, gluten granulé, etc.

647 — 883 — Barabeau, Barbezieux (Charente). — Conserves alimentaires et liqueurs.

» — » — Chatelain, La Rochelle. — Conserves alimentaires.

648 — 439 — Veuve Delage, Limoges. — Conserves alimentaires.

649 — 454 — Dubain, Limoges. — Conserves alimentaires.

650 — 460 — Fournaud, Tulle. — Conserves alimentaires.

651 — 754 — Guédon père, Brive. — Petits pois au beurre, pâtés de fois gras truffés, etc.

652 — 700 — Lasalvétat, Périgueux. — Truffes conservées.

653 — 444 — Lepaulmier, Saint-Bonnet-Larivière. — Fromages.

654 — 877 — Martin de Lignac, près Gueret. — Lait concentré, bouillon concentré.

655 — 885 — Malinau, Bordeaux. — Conserves alimentaires.

656 — 519 — Marret à Bessoux, commune de Ladignac. — Fromages.

657 — 449 — Pouey jeune, Bordeaux. — Conserves alimentaires.

658 — 1050 — Pourquery, Périgueux. — Pâtes aux truffes.

659 — 813 — Rome, Brive. — Conserves alimentaires.

660 — 521 — Savoyard, Limoges. — Conserves de volaille, etc.

661 — 190 — Auberger, Limoges. — Confiseur, chocolatier.

662 — 42 — Beaubreau, Limoges. — Confiserie, chocolaterie, liqueurs.

663 — 203 — Auguste Berard, Limoges. — Pièces d'entremets et dessert.

664 — 241 — Fredin et Leyrit, Clermont-Ferrand. — Pâtes et marmelades d'abricots d'Auvergne, fruits confits de France, d'Italie, des îles, etc.

665 — 656 — Jouberty, Brive, confiserie et moutarde.

666 — 699 — Leyrudon, Riom. — Fruits confits.

667 — 698 — Louit frères, Bordeaux. — Chocolats, pâtes alimentaires, moutarde, etc.

668 — 456 — Magnol Dumas, Limoges. — Chocolats

669 — 858 — Mounier, Gourbeyre et Baraduc, Clermont-Ferrand, fruits confits d'Auvergne et liqueurs.

670 — 94 — Nouhaud, Limoges. — Conserves.

671 — 132 — Nuellas, Limoges. — Objets de dessert.

672 — 209 — Peyrusson, Limoges. — Chocolats.

673 — 22 — Trompillon, Limoges. — Chocolats.

674 — 376 — Vallon, Limoges. — Glaces.

4ᵉ GROUPE. — 14ᵉ CLASSE.

43 Exposants.

675 — 395 — Gédéon-Benoît Agard, Saint-Yrieix (Hte-Vienne). — Kaolins.

676 — 578 — Claude Bordas, Coussac-Bonneval (Haute-Vienne). — Kaolins.

677 — 972 — Bardet, Pagnac. — Sables et terres réfractaires.

678 — 1011 — Bourin, au château de Villejovet. — Sables et terres réfractaires.

679 — 222 — Bernard Brunetière, Buzançais. — Sables et terres réfractaires.

680 — 758 — Pierre Barra, Pagnac. — Sables.

681 — 58 — Bernède, Limoges. — Terres argileuses réfractaires.

682 — 298 — Coeurdassier, Limoges. — Email à porcelaines.

683 — 394 — Chartier, Limoges. — Kaolin et émail.

684 — 726 — André-Eugène Chastenet, La Souterraine (Creuse). — Terres à porcelaines.

685 — 710 — Eugène Chastenet, La Souterraine (Creuse). — Terres à porcelaines.

686 — 145 — Corret fils, Limoges. — Kaolins.

686 *bis* — 1036 — Caron, aux Blanchets, près Lurcy-Lévy. — Terres réfractaires.

687 — 245 — David et Cacher, Limoges. — Email à porcelaines.

688 — 254 — Aimé Delor, Limoges. — Cailloux à porcelaines.

689 — 370 — Duvert fils, Limoges. — Email à porcelaines.

690 — 777 — Léonard Delhoume, au moulin du Guet. — Email à porcelaines.

691 — 580 — Louis Descubes, Coussac-Bonneval (Hte-Vienne). — Kaolins.

692 — 158 — Dupalland, Limoges. — Cailloux à émail.

693 — 1044 — Donnet, Vigen (Haute-Vienne). — Cailloux à émail.

694 — 775 — Duverger, Limoges. — Argile à foulon.

695 — 494 — Guilhaumaud, Coussac-Bonneval (Haute-Vienne). — Kaolins.

696 — 216 — Gaillard et Cie, Limoges. — Email à porcelaines.

697 — 397 — Pierre Géry, Glandon, près Saint-Yrieix (Haute-Vienne). — Kaolins.

698 — 706 — Hallary, Limoges. — Kaolins.

699 — 876 — P.-A. Jouhet de Beauvoir, Echassières (Allier). — Kaolins.

700 — 203 — Imbert-Laboisseille, Coussac-Bonneval (Haute-Vienne). — Kaolins.

701 — 771 — Jules Lamy, Limoges. — Kaolins.

702 — 357 — Lacroix et Ruaud, Limoges. — Pâtes et émaux à porcelaines.

703 — 615 — E. Lemaire et Cie, Coussac-Bonneval (Haute-Vienne). — Kaolin.

704 — 1061 — De Livron, Limoges. — Cailloux à émail.

705 — 268 — Merland, Coussac-Bonneval (Hte-Vienne). — Kaolins.

706 — 473 — Comte de Morny, au château de Vaux. — Préparations de kaolins.

707 — 522 — Louis Mallet, Limoges. — Cailloux à Email.

708 — 622 — Elie Mouret, Limoges. — Argile à porcelaines.

709 — 25 — Neuert et fils, Limoges. — Kaolins, émail à porcelaines.

710 — 361 — Rocle de Doumarias, Limoges. — Cailloux à porcelaines.

711 — 894 — Ribière, aux Farges, près le Vigen. — Cailloux à porcelaines.

712 — 394 — Veuve Teytut, Limoges. — Kaolins.

713 — 174 — Vergnaud, Limoges. — Cailloux à émail.

714 — 827 — Versavaud, Saint-Jean-de-Colle. — Terres réfractaires.

715 — 893 — Versavaud, Saint-Jean-de-Colle. — Terres réfractaires.

716 — 930 — Foussette, Solignac. — Cailloux à porcelaines.

1ᵉʳ GROUPE. — 13ᵉ CLASSE.

Porcelaines; Peintures et Décors sur Porcelaines; Faïences et Poteries; Modèles de Fours et de Tours à Porcelaines; Meules à farine
et à kaolin.

55 *Exposants.*

Porcelaines.

717 — 515 — F. Berlioz et Cⁱᵉ, Montluçon et Paris.—
Glaces.

718 — 911 — A. Duchet, Montluçon et Paris. — Bouteilles.

719 — 6 — François Alluaud aîné, Limoges. — Fabrique de porcelaines, matières et kaolins.

720 — 550 — Antoine Berger, Limoges. — Fabrique
de porcelaines, service de table.

721 — 11 — Hippolyte Chabrol, Limoges et Paris. —
Fabrique de porcelaines, fantaisie statuettes.

722 — 880 — Paul Comoléra, Boulogne-sur-Mer. —
Fabrique de porcelaines, fantaisie statuettes. (Hors de concours.)

723 — 252 — Jean Dutreix, Limoges. — Porcelaines
de fantaisie.

724 — 390 — Gattet, Guyonnet et Cⁱᵉ, Limoges. —
Fabrique de porcelaines, service de table.

725 — 8 — Gibus et Cⁱᵉ, Limoges et Paris. — Fabrique de porcelaines, services, fantaisie, etc.

726 — 58 — Julien et fils, Saint-Léonard et Paris. —
Fabrique de porcelaines, services de table.

727 — 214 — Labesse père et fils, Limoges. — Fabrique de porcelaines, services de table.

728 — 342 — P. A. Larchevêque, Vierzon. — Fabrique de porcelaines, services de table.

729 — 96 Adolphe Langle, Limoges. — Fabrique de
porcelaines, services de table.

730 — 484 — Louis Lefebvre, Magnac-Bourg (Hte-V.).
— Fabrique de porcelaines, services de table.

731 — 111 — Pierre Marquet, Limoges, fabrique de
porcelaines, services de table.

732 — 982 — Michel Nivet et G. Thomas, Limoges. —
Fabrique de porcelaines, services de table.

733 — 392 — Peltier et Mailly, St-Yrieix (Hte-Vienne).
— Fabrique de porcelaines, services de table.

734 — 254 — Gustave Paturet, Limoges. — Fabrique
de porcelaines, services de table.

735 — 178 — Poncet et Ardant, Limoges. — Fabrique de porcelaines, services de fantaisie.

736 — 35 — Pouyat frères, Limoges et Saint-Léonard. — Services de, matières à porcelaines, kaolin. — Houilles de Bosmoreau.

737 — 242 — Jacques Senamaud, Limoges. — Fabrique de porcelaines de fantaisie.

738 — 198 — Ricroch et Cie, Limoges. — Fabrique de porcelaines de fantaisie.

739 — 474 — J.-B. Ruaud père, Limoges, fabrique de porcelaines, services de table.

740 — 28 — Léon Sazerat, Limoges. — Fabrique de porcelaine fantaisie, statuettes.

741 — 293 — Soudanas frères, Limoges. — Fabrique de porcelaine fantaisie, statuettes.

742 — 211 — Louis Tharaud, Limoges. — Fabrique de porcelaines, services de table.

743 — 466 — Veuve Tharaud, Limoges. — Fabrique de porcelaines, services de table.

Peintures et décors sur porcelaines.

744 — 143 — Haviland et Cie, Limoges et New-York. — Peintures et décorations sur porcelaines.

745 — 554 — Simon Brière, Limoges. — Peinture sur porcelaine.

746 — 458 — Victor Boudelay, Limoges, peinture sur porcelaine.

747 — 290 — Dumaître, Limoges. — Peinture sur porcelaine.

748 — 234 — Dufraisseix, Limoges, peinture sur porcelaine.

749 — 303 — Farge fils, Limoges. — Peinture sur porcelaine.

750 — 384 — Hippolyte Gilbert, Limoges. — Peinture sur porcelaine.

751 — 424 — Frédéric Guitard, Limoges. — Peintures sur porcelaine et couleurs.

752 — 908 — Gouyon-Chervaix, Limoges. — Peinture et décoration sur porcelaine.

753 — 84 — Lesme frères, Limoges. — Peinture et décor sur porcelaine.

754 — 338 — Mounier, Magnac-Bourg (Haute-Vienne). — Objets d'art décorés.

755 — 149 — Rudenil et Cie, Limoges. — Peinture et décor sur porcelaine.

Faïences et Poteries.

755 *bis*. — » — Clément et fils, Aubusson (Creuse). — Poteries commune et de luxe.

756 — 796 — J.-B. Dubourdieu, Thiviers (Dordogne). — Poteries vernies communes.

757 — 822 — René Dubourdieu aîné, Saint-Roch, près Thiviers (Dordogne). — Poteries vernies communes.

758 — 490 — Dussout père et fils, Limoges. — Poteries vernies communes.

759 — 472 — Girault Boujeau, La Borne (Cher). — Tuyaux et bouteilles en grès.

760 — 846 — Alexis Maret, St-Léonard (Hte-Vienne). — Cruche à soupape en faïence.

761 — 374 — C. Prévost et Cie, Saintes (Charente-Inférieure). — Faïences, poteries, briques, etc.

Modèles de Fours et de Tours à porcelaines

762 — 217 — Joseph Bordonne, Limoges et La Châtre. — Four continu à porcelaines ; presse typographique (voir les machines) ; briques polychromes et mosaïques ; cendres pyriteuses animalisées (agriculture).

763 — 449 — Alexandre Radureau aîné, Limoges. — Tour à porcelaine perfectionné.

Meules à farines et à kaolins.

764 — 353 — François Boileau, La Barre (Hte-Vienne). — Meules pour moulin à feldspath.

765 — 744 — Amable Dupuis, Lussac-les-Châteaux (Vienne). — Meules à farine.

766 — 749 Lescalmel, Cénac-Domme (Dordogne). — Meules à farines.

767 — 1034 — Guillaume Maury, Vitrac (Dordogne). — Meules à farine.

768 — 713 — Jean Marrois, Lussac-les-Châteaux (Vienne). — Meules à farine.

769 — 865 — Pierre Senamaud (Hte-Vienne). — Meules à kaolins et feldspath.

770 — 536 — Jacques Thomas, Limoges. — Meules à kaolins et feldspath.

771 — 1123 — (hors de concours) Thibault Mesnet, Cinq-Mars-la-Pile (Indre-et-Loire). — Meules de toute sorte pour diverses applications.

5e GROUPE. — 16e CLASSE.

Filatures et Défilochage; Teintures, Flanelles et Droguets; Draps.
Couvertures, Tapis; Dessins pour tapis; Tissus de fil et métalliques:
Ouates, Cotons, Tricots, Bonneterie: Cordages: Franges; Tresse.
Nattes et Tapis en paille: Rots et Lames.

(84 Exposants.)

Filature et Défilochage.

772 — 72 — Ardant (Eugène), Limoges. — Filature de
laine et défilochage.

773 — 794 — Comte de Bourbon-Busset, Busset (Allier. — Filature de coton.

774 — 233 — Jabet (Joseph), Limoges. — Filature de
laine.

775 — 999 — Veuve Laporte et fils, Limoges. — Filature de laine et défilochage.

776 — 413 — Leblanc (Jean), Condat (Haute-Vienne).
— Filature de laine; bois coupé pour la teinture.

777 — 750 — Massénat (Elie), Brive (Corrèze). — Filature de coton et teinture.

778 — 1021 — Mathé (Charles), Niort (Deux-Sèvres).
— Filature de coton.

779 — 227 — Morstadt, Le Blanc (Indre). — Filature
de lin.

780 — 26 — Nenert et fils, Limoges. — Défilochage.

781 — 400 — Noualhier (Armand), Limoges. — Filature de laine.

782 — 44 — Poumeau (Emile), Solignac (Hte-Vienne).
— Filature de laine.

783 — 548 — Prasneuf, Saint-Junien (Haute-Vienne).
— Défilochage de chiffons.

784 — 64 — Romanet du Caillaud (Edouard), Isle, près
Limoges. — Filature de laine.

785 — 64 — Séguy et Blanchard, Limoges. — Défilochage de chiffons.

786 — 383 — Siricix (Thomas), Limoges. — Filature
de laine.

Teintures.

787 — 248 — Bonnadier frères, Limoges. — Teinture
sur laine, coton et fil.

788 — 666 — Cornet, Issoudun (Indre). — Teinture
sur coton.

789 — 692 — Radenne, Saint-Junien (Haute-Vienne). — Teinture sur velours.

790 — 171 — Rivière et Texier, Limoges. — Teintures diverses.

Flanelles et Droguets, Draps, Couvertures.

791 — 613 — Barret (Léon), Périgueux (Dordogne). — Draps et cadis.

792 — 579 — Bernard-Talhandier (H.-L.), Ambert (Puy-de-Dome). — Couvertures de laine.

793 — 527 — Besge (Eugène), La Côte-de-Chamborand (Creuse). — Flanelles et droguets.

794 — 47 — Boyer aîné et Lacour frères, Limoges. — Flanelles et droguets, et tissus analogues; teinturerie particulière.

795 — 317 — Mathieu Boucheron et fils, Limoges. — Draps et couvertures.

796 — 653 — Capion (Michel-Auguste et François). — Bordeaux (Gironde). — Couvertures de coton.

797 — 253 — Delor (Aimé), Limoges. — Flanelles et droguets.

798 — 40 — Desbordes, Lavergne et Cie, Limoges. — Flanelles et droguets; tissus analogues; tapis.

799 — 29 — Deschamps (A.) et Coste (G.), Limoges. — Flanelles et droguets.

800 — 345 — Doirat et Mignot, Limoges. — Flanelles et droguets; schals.

801 — 103 — Filloux (Charles), Morterolles (Haute-Vienne). — Draperie.

802 — 454 — Ve Gay-Bellile aîné, Limoges. — Flanelles et droguets.

803 — 18 — Ve Laporte et fils, Limoges. — Fanelles et droguets; draperie; impressions; défilochage.

804 — 879 — Limousin (Marcelin) et Teinne, Saint-Yrieix (Haute-Vienne). — Bazin et droguets.

805 — 464 — Marquet aîné, Delage, Limoges. — Flanelles et tissus divers.

806 — 281 — Massy (Philippe) et Robert (A.), St-Yrieix (Haute-Vienne). — Flanelles et droguets; croisés, nouveauté; draps communs et cadis.

807 — 444 — Petiniaud-Dubos fils (C.-H.), Limoges. — Flanelles et droguets; schals.

808 — 130 — Petiniaud Pierre, Limoges. — Flanelles et droguets; couvertures; draperie.

809 — 109 — Roulhac et Reynier, Limoges. — Flanelles et droguets; schals.

810 — 405 — Théodore de Saint-Vinox, Limoges. — Flanelles et droguets.

811 — 96 — Vézy, Limoges. — Flanelles et droguets.

812 — 404 — Vilatte (Léonard-Julien), Limoges. — Flanelles et bizets.

Tapis.

813 — 604 — Andrieux (François), Limoges. — Tapis et nattes.

814 — 589 — Barrabaud, Limoges. — Tapis.

815 — 434 — Braquenié frères, Aubusson (Creuse). — Tapis; tapisseries; tentures et meubles.

816 — 552 — Bussière frères, Felletin (Creuse). — Tapis ras pour tables et appartements.

817 — 374 — Bussière père et fils, Aubusson. — Tapis ras.

818 — 258 — Castel (Albert), Aubusson. — Tapisserie.

819 — 904 — Chassaigne père et fils, Aubusson. — Tapis ras; moquette; meubles.

820 — 950 — Croc père et fils, Aubusson. — Tapis divers et laines.

821 — 933 — Réquillard, Roussel et Chocquel, Aubusson et Tourcoing. — Moquette; étoffe pour tapis et ameublement.

822 — 60 — Romanet du Caillaud (Edouard), Limoges. — Tapis divers.

823 — 964 — Salandrouze de La Mornaix, Aubusson et Paris. — Tapis divers.

824 — 276 — Trapet (Auguste), Felletin (Creuse). — Tapis et tapisseries fines.

Dessins pour tapis.

825 — 953 — Bourasson, Aubusson (Creuse). — Dessins pour tapis.

826 — 257 — Chatagnon-Gingaud (Théophile), Aubusson. — Dessins pour tapis et tapisserie.

827 — 505 — Fradet (Joseph), Aubusson. — Dessinateur et peintre pour la tapisserie.

828 — 951 — Grellet, Aubusson. — Dessins pour tapis

Tissus de fil et métalliques.

829 — 167 — Massaloux (Louis), Séreilhac (Haute-Vienne). — Linge de table ouvré.

830 — 1001 — Vignaud (Georges), Les Salles-Lavauguyon (Haute-Vienne). — Toiles ouvrées.

831 — 424 — Debord (Louis), Séreilhac. — Toiles ouvrées.

831 *bis* —

Ouates, Cotons, Tricots, Bonneterie, Soies.

832 — 444 — Blanchard (Jean-Baptiste), Limoges. — Ouates.

833 — 205 — Voisin et Vignaud, Limoges. — Ouates, cotons, laines à tricots.

834 — 804 — Bourabier, Limoges. — Bonneterie.

835 — 795 — Jayac (Marc), Limoges. — Bonneterie et tricot.

836 — 817 — Berne père et fils, La Forêt, près Ambert (Puy-de-Dôme). — Lacets.

837 — 150 — Bourgoin, (François) La Tulette, près Confolens. — Lacets.

837 (1º) — » — Barnaud-Thias, commune d'Arnac. — Vers à soie et cocons.

837 (2º) — 606 — Blanchard, Corrèze. — Vers à soie; 8 cocons.

837 (3º) — 160 — Duboucheron, Nieul, près Limoges. — Soie.

837 (4º) — 567 — Guénard (Pierre-Jean-Baptiste), à La Pouyade, près St-Yrieix. — Soie et cocons.

837 (5º) — 600 — Marel-Ambert, Puy-de-Dôme. — Cocons de vers à soie.

Cordages.

838 — 725 — Buisson (Joseph), Limoges. — Cordages.

839 — 243 — Chaigneaud (Ch.), Limoges. — Cordages.

840 — 645 — Devoyon (Louis), Limoges. — Cordages.

Franges.

841 — 269 — Moreau (Marie), Limoges. — Franges.

Tissus métalliques.

842 — 431 — Gustave, Limoges. — Rubans de cardes.

842 *bis* — 311 — V. Moys-Weiller, Angoulême (Charente.) — Tissus métalliques en tous genres.

Tresses, Nattes et Tapis en paille.

843 — 682 — Noël Lagier, Tulle (Corrèze). — Cabas, tapis et tresses de paille ; fleurs asiatiques ; cartonnages.
843 *bis* — 430 — Jean Pauliat, Beynat (Corrèze). — Tresses en paille pour chapeaux, cabas et tapis.

Rots et Lames.

844 — 513 — Jean-Baptiste Coiffe, Limoges. — Rots et lames.

6ᵉ GROUPE. — 17ᵉ CLASSE.

Chapellerie, Cordonnerie, Saboterie, Vêtements et Fantaisies.

(71 Exposants.)

Chapellerie.

845 — 127 — Dominique Duléry, Saint-Léonard. — Chapellerie, feutre souple.
846 — 128 — Auguste Chapert, Saint-Léonard. — Chapellerie, feutre ordinaire.
847 — 179 — Robert frères et Cⁱᵉ, Rochechouart. — Chapellerie, feutre ordinaire.
848 — 186 — Honoré Sazerat fils, Limoges. — Casquettes, chapeaux fantaisie.
849 — 240 — Robert fils aîné, Rochechouart. — Chapellerie ordinaire.
850 — 235 — Thomas Patier, Limoges. — Chapellerie ordinaire.
851 — 260 — Jean Junqua, Ribérac. — Fabricant de chapellerie ordinaire.
852 — 284 — Jouany fils, Bourganeuf. — Fabricant de chapellerie, feutre ordinaire.
853 — 541 — Cournarie, Limoges. — Chapellerie ordinaire.
854 — 1004 — Lamortière, Magnac-Laval. — Chapellerie ordinaire.
855 — 153 — E. Delfour, Le Bugue (Dordogne). — Fabricant de chapellerie ordinaire.

Cordonnerie.

856 — 387 — Alphonse Thibaut, Limoges. — Fabricant de chaussures.

857 — 463 — Veyrier et Pornin, Limoges. — Fabricants de chaussures.

858 — 4 — Louis Mallet, Limoges. — Fabricant de chaussures.

859 — 44 — Armand Démassiat, Limoges. — Fabricant de chaussures.

860 — 445 — François Constant, Saint-Léonard. — Fabricant de chaussures.

861 — 646 — Jean-Baptiste Bonneteaud, Limoges. — Cordonnier à la pratique.

862 — 380 — Féjas Szollozy dit Raisin, Limoges. — Cordonnier à la pratique.

863 — 500 — Léonard Bastier, Limoges. — Cordonnier à la pratique.

Saboterie.

864 — 850 — Victor Bathier, La Souterraine. — Fabricant de sabots-socques.

865 — 560 — Jean Dumont, Saint-Junien. — Fabricant de sabots-socques.

866 — 50 — François Guillat, Limoges. — Fabricant de sabots-socques.

867 — 116 — Joseph Chassain, Saint-Léonard. — Sabotier.

868 — 117 — François Barrage, Saint-Léonard. — Sabotier.

869 — 118 — Georges Demardou, Saint-Léonard. — Sabotier.

870 — 206 — Léonard Cathaly, Limoges. — Sabots-socques.

871 — 294 — Meynieux fils aîné, Limoges. — Fabricant de sabots-socques.

872 — 362 — François Brondeau, Limoges. — Fabricant de sabots-socques.

873 — 365 — Martial Plagnaud, Bellac. — Fabricant de sabots-socques.

874 — 493 — Jean Châtain, Nantiat. — Sabotier.

875 — 540 — Paulin Desorteaux, Saint-Junien. — Sabotier.

876 — 543 — François Larique, La Roche. — Sabotier.

877 — 623 — Jean Aubrem, Issoudun. — Sabots-Socques.

878 — 943 — Léonard Dugeai, Solignac. — Sabotier.

879 — 343 — Jean-Baptiste Larivière, Limoges. — Formes pour souliers et galoches.

880 — 296 — Duconget fils, Limoges. — Formes pour souliers et galoches.

881 — 630 — Tardieu jeune, Limoges. — Couleurs et vernis pour sabots (spécialité).

Vêtements.

882 — 759 — Pailhès et Lagueus, Limoges. — Habillements confectionnés (grande confection).

883 — 318 — Gautier-Lafaye, Limoges. — Tailleur.

884 — 53 — Vegnon-Vinsac frères, Angoulême. — Blouses et chemises (grande confection).

Modes et Fantaisies.

885 — 769 — Mme Delmont, Angoulême. — Corsets.

886 — 224 — Mlle Anna Clément, Limoges. — Corsets.

887 — 189 — Bernard Valentin, Limoges. — Corsets.

888 — 843 — Eugène Burguet, Limoges. — Chemises confectionnées (grande confection).

889 — 447 — Veuve Peyroux, Limoges. — Chemises confectionnées.

890 — 760 — Mme Berland, Limoges. — Lingerie.

891 — 382 — Mme Albert, Limoges. — Lingerie.

892 — Mme Mary, Limoges. — Broderie.

893 — 728 — Mlle Eugénie Dardonneau, Masseret. — Broderie.

894 — 794 — Mlle Dupont, St-Germain. — Lingerie (amateur).

895 — 339 — Mlle Julie Ribière, Bellac. — Broderie (amateur).

896 — 73 — Sirieix et Royer, Limoges. — Broderie en grand (haute confection).

897 — 446 — Auguste Ponthier, Limoges. — Dessinateur pour broderie en tous genres.

898 — 897 — M. le maire, Dun-le-Palcteau. — Fabricant de dentelles.

899 — 87 — Mlle Luzanne Bernard, Limoges. — Dentelles réparées.

900 — 38 — Pierre-Charles Mailfer, Limoges. — Jupons à ressorts.

901 — 478 — Jeanton Lamarche, Limoges. — Jupon
à ressorts.

902 — 509 — Antoine Catineaud, Poitiers. — Jupon
crinoline (procédé particulier).

903 — 54 — Pierre Ducoux, Limoges. — Tableau en
cheveux.

904 — »

905 — 475 — André Chomel, Limoges. — Tableau en
cheveux.

906 — 521 — Veuve Bertaud, Limoges. — Tableau en
cheveux.

907 — 951 — Caupson, Limoges. — Tableau en cheveux.

908 — 955 — Carot, Limoges. — Tableau en cheveux.

909 — 955 — Dufour, Limoges. — Tableau en cheveux.

910 — 668 — Richard, Limoges. — Cheveux ouvragés.

911 — 824 — Plaute, Limoges. — Cheveux ouvragés.

912 — 922 — Mme Marie Pagnon, St-Yrieix. — Répa-
ration de schals.

913 — 340 — Laurent Guéret, Evaux. — Manchon en
plumes.

914 — 890 — Bourguin, St-Junien. — Guipure XIe
siècle.

915 — 1006 — Barthélemy Ducourtieux, Limoges. —
Tranchet à deux lames pour cordonniers.

<hr>

6e GROUPE. — 18e CLASSE.

(36 *Exposants.*)

916 — 971 — M. Des Allées Milhac-de-Nontron (Dordogne). — Marbres, pierres à chaux, marbres.

917 — 684 — Ardoisières d'Angers (la Société des),
Angers. — Ardoises de diverses grandeurs, tables en ar-
doise. (Hors de concours.)

918 — 547 — Marcellin Barrière, Limoges. — Un plan
de propriété.

919 — 526 — G.-H. Bourguignon, Clermont-Ferrand.
— Asphalte de bitume.

920 — 269 — Brault-Fyalle, Bressuire. — Briques et
tuyaux de drainage.

921 — 771 — Briand, Echoisy (Charente). — Chaux
hydraulique naturelle.

922 — 1030 — P.-Amédé Caron, Lurcy-Lévic (Allier).
— Produits réfractaires.

923 — 369 — J.-B. Catolle, St-Yrieix. — Ardoises de St-Yrieix.

924 — 927 — Chabrol et Prosper Moreau, Paris et Limoges. — Modèle d'une charpente de comble.

925 — 464 — Charbonneau et Dumont, Argenton-sur-Creuse. — Chaux cuite au bois.

926 — 394 — Chartier, Limoges. — Drains.

927 — 433 — Chevallon, Rochechouart. — Briques et tuyaux de drainage.

928 — 704 — Dumoussaud père et fils et Fauriaux, aux Pinctières, près Angoulême. — Tuiles nouveau système.

929 — 593 — Faure fils aîné, Limoges. — Ouvrage de charpenterie.

930 — 182 — Jacques Foussier, Limoges. — Lieux d'aisances inodores.

931 — 81 — Léon Frugier, Nexon (Hte-Vienne). — Drains et tuyaux de conduite.

932 — 458 — Gay-Dupalland, au Palais, par Limoges. — Briques, soles, tuyaux, drains.

933 — 102 — Martial-Othon Giry, usine au Mas-le-Neuve, par Limoges. — Drains, tuyaux de conduite, briques.

934 — 563 — Gruat et Cie, Chauvigny (Vienne). — 2 blocs de pierre de taille de Chauvigny.

935 — 327 — Joseph-Alexandre Huard, Eguzon (Indre). — Pierres de construction.

936 — 834 — Charles Hamelin, à La Rochelle. — Modèles de parquets.

937 — 754 — Leclère frères et Cie, Brives. — Ardoises de diverses grandeurs.

938 — 644 — P.-T. Lepiller, Bordeaux. — Briques réfractaires.

939 — 537 — Martial Lereclus, les Betoules, par Aixe (Hte-Vienne). — Briques, tuiles, tuyaux de Drainage.

940 — 183 — Machelœuf, Clermont-Ferrand. — Lave de Volvic sculptée.

941 — 590 — Malagnoux, Limoges. — Menuiserie de bâtiment.

942 — 576 — J.-H.-E., Martin Bordeaux. — Tuyaux de drainage, tuiles et briques.

943 — 89 — Mignot et Genebrias, Fredaigue, près Bellac. — Tuyaux en bitume.

944 — 636 — Prosper Moreau fils aîné, Limoges. — Charpenterie.

945 — 872 — François Palisson, Argenton-sur-Creuse. — Pierre blanche d'Argenton.

946 — 344 — Pallard aîné, Moulins (Allier). — Machine à fabriquer des carreaux et mouler des tuyaux.

947 — 1002 — Hippolyte Penasse, Ahun. — Bois préparé au sulfate de cuivre.

948 — 838 — Joseph Renou, Angoulême. — Pierre dite charentaise.

949 — 764 — Jean Robert, les Betoules, par Aixe. — Tuiles et briques.

950 — 463 — Jacques Rougerie, Limoges. — Dallage en bois de bout.

951 — 842 — Roully frères, le Boucheron, par Aixe. — Drains, briques et tuiles.

6ᵉ GROUPE. — 49ᵉ CLASSE.

38 *Exposants.*

952 — 443 — Alfred Bancaud, Limoges. — Bronzes, dorures sur fer et fonte ; vasistas d'un nouveau système.

953 — 136 — Gabriel Barrière, Limoges. — Encadrements.

954 — 712 — Lucien Barthomier, Lussac-les-Châteaux (Vienne). — Ebénisterie.

955 — 315 — Berlioz et Cⁱᵉ, Montluçon. — Grande glace.

956 — 279 — Breuilh aîné, Limoges. — Baldaquins, fauteuils, corniches.

957 — 228 — Martial Burg, Limoges. — Panneaux peints.

958 — 733 — Philippe Cappon, Marans (Charente-Inférieure). — Bourrelet pour calfeutrage.

959 — 989 — Louis Cavé, Bordeaux. — Une glace avec dorures.

960 — 434 — Félix Chedin, Bourges. — Toiles cirées, imitation du bois.

961 — 404 — Martial Cellerier, Coussac-Bonneval (Hte-Vienne). — Paniers en osier.

962 — 255 — Daigueperse, St-Paul (Hte-Vienne). — Echantillons de bois de luxe.

963 — 153 — Denuaud fils, Limoges. — Peinture sur verre.

964 — 56 — Thomas Dorticat, Limoges. — Jardinières et chaises rustiques.

965 — 929 — F. Filhoiex, Berneuil (Hte-Vienne). — Bentures de pièces de bois.

966 — 277 — Léon Gaston neveu, Limoges. — Meubles en tous genres.

967 — 420 — Gaston frères, Limoges. — Ameublement en général.

968 — 743 — Charles Gaston, Limoges. — Une cheminée, imitation marbre et un panneau au-dessus.

969 — 69 — Etienne Garraud, Limoges. — Panneaux peints.

970 — 278 — Veuve Marcellin et Paul Gaston, Limoges. — Panneaux peints.

974 — 219 — François Gibus, Limoges. — Un porte-bouteille (450).

972 — 157 — Germain Guillet, Limoges. — Panneaux peints.

973 — 377 — Joseph Guérin et Léon Gaston neveu, Limoges. — Lit imitation de vieux bois et tapisseries.

974 — 868 — Math-Geay, Tulle. — Travaux de tours, ébénisterie.

975 — 538 — Julien et Desbordes, Limoges. — Meubles XVIe siècle.

976 — 572 — Mme Kennebel, Poitiers. — Imitation de vieux laque.

977 — 485 — Charles Lasnier, Limoges. — Divers cadres.

978 — 404 — Jules Laviolette, Limoges. — Meubles et tapis.

979 — 7 — Louis-Jules Leroy et Cie, Limoges. — Glaces, dorures, etc.

980 — 3 — Pierre Madoumier, Limoges. — Glaces, dorures, etc.

981 — 406 — Charles Magnou, Limoges. — Tabouret.

982 — 351 — Antoine Mandonnaud, Limoges. — Bois tournés.

983 — 468 — Léonard Mazaud, à Fely, commune de Verneuil (Haute-Vienne). — Deux tables rustiques.

984 — 237 — Léonard Pacalet, Limoges. — Placages.

985 — 556 — Ormières-Pousiaux, Bordeaux. — Caisses d'orangers et autres objets.

986 — 59 — Martial Roux, Limoges. — Placages et ébénisterie.

987 — 80 — J. B. Sallet, Limoges. — Billard.

988 — 886 — Tramond, Laborie, Louis Buch et Pourret, Limoges et Tulle. — Objets divers travaillés.

6ᵉ GROUPE. — 20ᵉ CLASSE.

(10 Exposants.)

989 — 333 — Jean-Baptiste Bernard, Limoges. — Articles en corne.

990 — 854 — Simon Bernheim, Guéret (Creuse). — Peignes et objets de fantaisie en corne.

991 — 920 — Bonnenfant, Clermont-Ferrand (Puy-de-Dôme). — Un piano.

992 — 936 — Boutot jeune, Pierrebuffière (Hte-Vienne). — Un soufflet de cuisine.

993 — 983 — Caudères jeune, Bordeaux. — Application et perfectionnement au pianorgue.

994 — 90 — J.-B. Montély, Limoges. — Un piano.

995 — 867 — Martial Péricaut, Saint-Yrieix-la-Perche (Haute-Vienne). — Peignes en fil de fer.

996 — 597 — François-Théodore Quantin, Bourges. — Un piano nouveau système.

997 — 820 — Jean Vedrine, Limoges. — Ombrelles et parapluies.

998 — 935 — Vérany, Clermont-Ferrand (Puy-de-Dôme). — Un piano.

6ᵉ GROUPE. — 21ᵉ CLASSE.

(21 Exposants.)

Carrosserie.

1003 — 489 — Louis Brissaud, Limoges. — Un tilbury, une voiture.

1004 — 507 — F. Claudel, Limoges. — Deux voitures.

1005 — 103 — Dufour, Périgueux (Dordogne). — Trois voitures.

1006 — 544 — Pierre Favre, successeur de Molter, Limoges. — Un dogcar.

1007 — 160 — Pierre Jeantaud, Limoges. — Deux voitures.

1008 — 332 — Paulin Laroudie, Limoges. — Un tilbury, un dogcar.

1009 — 688 —

1010 — 244 — Nouger et Tricaud, Limoges. — Un tilbury, un bouget.

1011 — 392 — Jacques Rousseau, Limoges. — Une voiture.

1012 — 588 — M. Rousseau, successeur de Gandois, Limoges. — Un dogcar.
1013 — 773 —

Sellerie. Bourrellerie.

1014 — 903 — Jean Barbet, Limoges. — Un collier pour voiture.
1015 — 159 — Clément, Limoges. — Quatre colliers et courroies.
1016 — 447 — Désiré Detay, Limoges. — Deux colliers.
1017 — 948 — Dorin aîné, Limoges. — Une malle en cuir.
1018 — 442 — Henri Lamargot, Limoges. — Quatre colliers.
1019 — 659 — Marcelin, sellier au 5e lanciers, Limoges. — Une selle de course.
1020 — 942 — Mony, Tournon (Indre). — Une bride brevetée.
1021 — 428 — Jean Petit, Limoges. — Un collier de roulage.
1022 — 554 — Michel Ribierre, Limoges. — Un collier, deux courroies mécaniques.
1023 — 448 — Rivet, Limoges. — Deux colliers.

Soufflets de forge et autres.

1024 — 469 — Léonard Coulaud, Limoges. — Deux soufflets de forge, un de boucher.
1025 — 528 — Jacques Rebeyrat, Bellac (Hte-Vienne). — Un soufflet de forge et autres.

EXPOSITION

DU CENTRE DE LA FRANCE

A LIMOGES.

SECTION DES BEAUX-ARTS.

EXPLICATION

DES

OUVRAGES EXPOSÉS AU PALAIS DE L'INDUSTRIE.

JUIN 1858

LIMOGES,

IMPRIMERIE DE J.-B. CHAPOULAUD, IMPRIMEUR DE LA PRÉFECTURE.

EXPLICATION

DES SIGNES ABRÉVIATIFS CONTENUS AU LIVRET.

✳ Membre de l'ordre impérial de la Légion-d'Honneur.

M Médaille obtenue à Paris.

M H Mention honorable.

EXPLICATION

DES OUVRAGES EXPOSÉS AU PALAIS DE L'INDUSTRIE

SECTION DES BEAUX-ARTS.

PEINTURE.

MM.

ACCARD, Eugène, né à Bordeaux, rue Duperré, 8, Paris.
* 1 — Le dimanche des Rameaux.
* 2 — Un coin des Porcherons.

AIFFRE, Raymond-René, rue Bonaparte, 39, Paris.
* 3 — Innocence et Malice.
4 — Juive d'Alger.

ALLONGÉ, Auguste, rue Pavée-Saint-André, 12, Paris.
* 5 — Sous la Feuillée, vue prise à Charenton.
* 6 — Chemin de traverse, vue prise à Nanteuil.

ARDANT DU MASJAMBOST, Limoges.
7 — Etude de Draperie.
8 — L'Etudiant au retour du bal masqué.
9 — La Lune de miel.
10 — La Lettre de l'armée.
11 — La Frileuse.
12 — La Famille de l'artiste.
13 — Le Braconnier.

AUBERT, Henrion, rue des Martyrs, 27, Paris.
14 — La Fin de la journée, paysage.

BALFOURIER, M. 2, 3, rue Frochot, 8, Paris.
15 — Environs de Chantilly (Oise).
16 — Pont de la Monnerie (Haute-Vienne).
17 — Pont sur Roubaud (Var).

BARATON, Mme, Limoges.
18 — Portrait d'Enfant.
19 —

BARRY, rue des Martyrs, 27, Paris.
20 — Bords de plage, marée montante.
21 — Souvenirs des environs de Bordeaux.

Baudit, Amédée, rue de Latour-d'Auvergne, 38, Paris.
22 — Environs de Montigny, Soleil couchant.

Baudout, Jean-Baptiste, Limoges.
23 — Portrait.
24 — Autre.

Beaucé, Jean-Adolphe, quai des Grands-Augustins, 37,
    Paris.
25 — Résidence d'un chef Arabe.

Beaume, Joseph (✸), rue d'Enghien, 12, Paris.
26 — Rebecca à la fontaine.
27 — Pêcheuse de crevettes.

Bentabole, Louis, rue Pigale, 22, Paris.
28 — Souvenirs d'Etretat.

Bermond, Philéos-Félix, rue de Sèvres, 19, Paris.
29 — Huîtres ouvertes.

Bernède, Pierre-Emile, rue de l'Eglise-Saint-Seurin,
    6, Bordeaux.
30 — Canard sauvage et sarcelle.
31 — Lapin et perdrix.
32 — Melon et radis noir.

Billardet, rue d'Astorg, 18, Paris.
33 — Petit savoyard mourant.

Bou de Saint-Hilaire, Jules, au château de Maronatte
    Dordogne.
34 — Effet du soir.
35 — La combe du lac.
36 — Effet de printemps.
37 — Nature morte.
38 — Le pré gentil.
39 — La passerelle.
40 — Au bord de la Dronne.
41 — Dans la forêt de Coët.

Boissard de Boisdenier, Ferdinand, né à Châteauroux,
    rue de Calais, 45, Paris.
42 — Intérieur flammand au XVIe siècle.
43 — Fumeur.

Boniface, Emile, rue des Petits-Hôtels, 9, Paris.
44 — Intérieur d'atelier.

Bonnegrace, Charles-Adolphe (M. 2, 3), rue de Latour-
    d'Auvergne, 6, Paris.

45 — Pifferaris.

BORGET, Auguste, Bourges.
46 — Village de pêcheurs en Chine.
47 — La bonne aventure en Chine.
48 — Habitation de pêcheurs, côtes de Chine.

BOURDELAY, Limoges.
48 *bis* — Pot de fleurs, porcelaine.

BOURGOIN.
49 — Portrait de Mgr l'Évêque de Limoges.

BRISSOT DE WARVILLE, Félix, au palais de St-Cloud.
49 *bis* — Vaches à l'abreuvoir.

BROWN, John-Lewis, cours du Jardin-Public, 27, Bordeaux.
50 — Steeple-chasse de Bordeaux.
51 — Rendez-vous de chasse au cap de Bos.
52 — Une vedette, cuirassier de la garde.
53 — Fox-Hunter, souvenir du Yorskire.

BRUN, Charles, rue de Chabrol, 18. Paris.
54 — Atelier de Corroyeur.
55 — Le Puiseur d'eau.
56 — Vue de Constantine.

CAPEYRON, J..., à Bordeaux.
57 — Marchande de sardines.

CARON, Pauline (Mlle), rue des Petites-Écuries, 15. Paris
58 — Le Berceau.
59 — La petite coquette.

CARON, Jules, Arcachon.
60 — Naturels de la forêt d'Arcachon (Gironde).
61 — La Chasse d'un Amateur.
62 — Un Lièvre des Landes.

CHABRY, Léonce, Fossés-du-Chapeau-Rouge, 19, Bordeaux.
63 — Chemin creux, vallée de Josaphat (Belgique).
CHAIGNEAU, Ferdinand, cours de Tourny, Bordeaux.
64 — Paysage à Écouen.
65 — Étude d'après nature, près Bordeaux.
66 — Grande étude d'après nature.

CHARDIN, Gabriel, rue de Bellefonds, 8, Paris.
67 — Vue de l'étang de Molineux, près Étampes.
68 — Vue de la rivière d'Étampes.

CLÉRY, Edouard, rue Oudinot, 23, Paris.
69 — Lisière de forêt, Soleil couchant.
70 — Un dessous de bois, avec vaches dans un marécage.

COLLIGNON, Charles, M. H., M. 3, à Caudéran (Gironde).
71 — Hiver en Hollande. Effet de clair de lune sur un canal glacé.
72 — Yacht et barque de plaisance hollandais, au xviiᵉ siècle.

CURZON, Paul-Alfred, né à Poitiers.
73 — Albanaise près d'une citerne (campagne), rue Bonaparte, 13, Paris.
74 — Solitude, près le pont du Gard d'Athènes.
75 — Baie de Salamine, et casques grecs.

DEHAUSSY (Mᵐᵉ), née Adèle Douillet, rue Lafayette, 21, Paris.
76 — La première Séance de Portrait.

DEHAUSSY, Jules, rue Lafayette, 21, Paris.
77 — Esclave de Velasquez.
78 — La Lettre.

DEROULÈDE, Alfred, rue de Chabrol, 18, Paris.
79 — Jeune Fille dans les blés.

DESFRAY, Maria (Mᵐᵉ), Limoges.
80 — Virginie au bain, sur porcelaine.
81 — Portrait de Mᵐᵉ...

DESJARDINS, Louis-Léon, à Guéret.
82 — Portrait de M...
83 — Paysage près de Guéret.

DEVILLE, Gustave, rue de Douai, 37 ter, Paris.
84 — Les Grenouilles qui demandent un roi.
85 — Butor et attirail de chasse.

DONZEL, Charles, rue de Bruxelles, 29, Paris.
86 — Vue de la Vienne, prise du Bas-Marin (appartient au cercle de l'Union).
87 — Autre, prise du Mas-Marvan.
88 — Chemin creux à Reilhac.
89 — Baigneuses (Haute-Vienne).
90 — Fleurs des prés.

DE DREUX, Alfred ✳, Paris.
91 — Chevaux surpris par l'orage (appartient au cercle de l'Union).

Drouyn, Léo, rue Sainte-Sophie, Bordeaux.
* 92 — Étang de Cazau (Landes).
* 93 — Lisière de Forêt dans les Landes.

Dubuisson, Alexandre, rue de Varennes, 8, Paris.
* 94 — Paysage avec animaux.
* 95 — Autre.

Dumaitre, Gabriel, Limoges.
96 — Tableau de Fleurs, sur porcelaine.
97 — Autre.

Dupuis Colson, rue de Varennes, 80, Paris.
* 98 — Le Christ apaisant la tempête.
* 99 — Le Christ au Jardin des Oliviers.

Dusautoy, Jean-Léon, rue Caumartin, 13, Paris.
* 100 — Un Amateur.
* 101 — Visite de S. M. l'Impératrice à l'hôpital Sainte-
    Eugénie.
* 102 — Réflexion.
* 103 — Le Fruit défendu.

Duval le Camus, Jules-Alexandre, rue du Cherche-Midi,
    17, Paris.
104 — Une Halte.

Edwarmay, Louis, Angoulême.
* 105 — Ferme.
* 106 — L'Abreuvoir.
* 107 — Moutons au pâturage.
* 108 — Vaches à l'étable.
* 109 — Tableau de fleurs.

Fortin, Limoges.
109 bis — Musiciens à la fontaine, porcelaine.

Fougeron-Laroche, Jules, Oradour-sur-Vayres.
110 — Portrait de l'auteur.
111 — La Tentation.

Galbrun, Louis-Alphonse, rue Neuve-Bréda, 24, Paris.
* 112 — Le Clavecin.
* 113 — Le Repas breton.

Gardel, Jean-Baptiste, Limoges.
114 — Portrait d'enfant.
115 — Paysage.
116 — Autre.
117 — Au bord de l'eau

118 — Portrait de M. le Préfet de la Haute-Vienne
* 119 — La Fuite en Egypte.
120 — Portrait de M. A...
121 — Portrait de Mlle O...
122 — Portrait de Mlle V...

GARIN, Jean-Baptiste-Joseph-Léon, rue Oudinot, 23.
    Paris.
* 123 — Boniface VIII à Agnani, insulté par Nogaret.

GAUTHIER, Charles, Nontron (Dordogne).
124 — Un âne, départ pour la ville.

GIBERT, Tony, place de la Comédie, Bordeaux.
125 — Portrait de Mlle G...

GIBERT, Antoine, 1er et 2e grand prix de Rome, 1832,
    place de la Comédie, Bordeaux.
* 126 — Toilette de Judith.
* 127 — Portrait de S. S. Pie IX.

GOUPIL, rue du Helder, 25, Paris.
128 — Portrait de M. de L...
129 — La maréchale d'Ancre.

GUÉ, Oscar, rue Esprit-des-Lois, Bordeaux.
129 *bis* — Perrette.
130 — Un nid d'oiseaux.

DE HAGEMANN, Godefroy, rue des Martyrs, 27, Paris.
* 130 *bis* — Paysage, effet de printemps.

HAUTE, Jean-Baptiste, Fossés-de-l'Intendance, 21, Bor-
    deaux.
* 131 — Un jeune violoniste.

HAUTIER, Eugénie (Mlle), rue Notre-Dame-de-Lorette,
    58, Paris.
* 132 — Fruits d'automne.
* 133 — Fruits d'hiver.
* 134 — Gibier.
* 135 — Nature morte.
136 — Poulaillier.

HERSENT, Franc-Etienne, rue Fontaine, 14, Paris.
* 137 — Marquise.
* 138 — Zouaves et singe.
* 139 — Zouave.

HILLEMACHER, Eugène-Ernest (M.), rue Lafayette, 34.
    Paris.

140 — La sainte famille.

HOLTZAPFFEL, Jules, rue Turgot, 5, Paris.
141 — Baigneuses.
142 — Intérieur de cour en Alsace.

JEANRON, Philippe-Auguste (✳), rue Bonaparte, 39,
   Paris.
143 — Pose du télégraphe électrique dans les rochers du
   cap Grisnez (Pas-de-Calais).
144 — Le Phénicien et l'Esclave.
145 — Une Tolognate.
146 — L'Enfant chéri.
147 — Environs de Comborn.

LAGORCE, Clara (Mme), à Limoges.
148 — Tableau de Fleurs.

LANGLADE, Pierre, à Aubusson (Creuse).
149 — Tableau de Fleurs.
150 — Autre.
151 — Autre.

LANOUE, Hippolyte-Félix, rue Fontaine-Saint-Georges,
   21, Paris.
152 — Vue de Saint-Pétersbourg.

LASSALLE, Louis-Simon, rue Rochechouart, 70, Paris.
153 — Jeune Fille dessinant la statue de l'Amour.

LE BAS, Lucien (✳), commandant du génie, Périgueux
   (Dordogne).
154 — Paysage en Algérie.
155 — Autre.
156 — Autre.
157 — Portrait de M. de B...
158 — Portrait de Mme...
159 — Délivrance de saint Pierre.

LECONTE, de Roujou, rue Duperré, 9, Paris.
160 — Vue de Florence, prise du faubourg Santo-Nicolo.

LEFEBURE, Célina (Mlle), passage Sainte-Marie, 9, Paris.
161 — L'Aumône.
162 — Napolitain.

LEFEBVRE, Charles, rue Saint-Dominique-Saint-Ger-
   main, 56, Paris.
163 — La Vierge et l'Enfant Jésus.

LE GENTIL, Victor (M. 3), rue de Latour-d'Auvergne,
   33, Paris.

* 164 — Intérieur de moulin (Bretagne).
* 165 — Une Chaumière du Morbihan.
* 166 — Jeune Fille bretonne.
* 167 — Souvenirs du Limousin.
* 168 — Marée basse, côtes de Bretagne.

LEMARCHAND, née Anna Bénard (Mme), rue Vavin, 6, Paris.
* 169 — Fruits.

MAISON, Eugène, rue du Nord, 13, Paris.
* 170 — Les Joies du Travail.
* 171 — Les Dangers de l'Oisiveté.
* 172 — La Vierge après l'Annonciation.
* 173 — *Il far niente*.
* 174 — Les Reproches, souvenir d'Italie.

MARLET, Paulin, Bordeaux.
175 — Environs d'Etampes.

MARTIN, Hugues, né à Bordeaux, faubourg Poissonnière, 130, Paris.
176 — Emigration d'Eléphants.

MELBYE, Antonin (✳), boulevard Montmartre, 8, Paris.
* 177 — Pleine mer, effet de nuit.

MELIN, Joseph (M.), rue du Cherche-Midi, 114, Paris.
* 178 — Chiens d'arrêt.
* 179 — Tête de Chien.

MENARD, Louis, à Passy, près Paris.
* 180 — Paysage, forêt de Fontainebleau, hiver.
* 181 — Autre, forêt de Fontainebleau, automne.

MERCIER, Charles, rue de Seine, 27, Paris.
* 182 — Paysage, environs de Fontainebleau.

Mme DE MERLIS, née de Sussac, Limoges.
183 — Tableau de fleurs.
184 — Autre.

MONFALLET, Joseph-François, né à Bordeaux, rue de Sèvres, 89, Paris.
* 185 — Le coin du feu.

MONGINOT, Charles, rue Duperré, 15, Paris.
* 186 — Une singerie.
* 187 — Cochons d'Inde.

MONGODIN, Victor, rue Oudinot, 23, Paris.
188 — L'improvisation.

NIVET-FONTAUBERT Amélie (Mme), (M.), Limoges.
189 — Prière à la Madone, effet du soir.
190 — Sur la terrasse.
191 — Esméralda, sur porcelaine.
192 — Mme de Maintenon, sur porcelaine.

OUTREBON, née Aglaë. Julie, Papin (Mme), rue de Douai, 37, Paris.
193 — Gitana.
* 194 — Nature morte.
* 195 — La colombe.
* 196 — Un malheur.

PECRUS, Charles, né à Limoges, place du Théâtre, à Montmartre.
* 197 — Choix de la nuance.
* 198 — Joueur de basse.

PERDRIAU, Vincent, Confolens (Charente).
198 bis — Buveurs.
199 — Fruits.

PETINIAUD-DUBOS, Charles, Limoges.
* 200 — Une Kermesse.
* 201 — Un Tisserand.
* 202 — Le Moulin-Blanc, sur l'Aurance (Haute-Vienne).
* 203 — Paysage breton.

PIERDON, né à Saint-Gérand (Allier), Boulogne, près Paris.
204 — Une Halte d'artistes, souvenir des environs de Saverne.

PIETTE, Ludovic, né à Niort, rue Blanche, 96, Paris.
205 — Fleurs.

PINEL, Honoré, boulevard Saint-Martin, 27, Paris.
* 206 — Jeune Fille.

POTIÉ, Louise (Mme), Bordeaux.
207 — Paysage.
208 — Autre.

PROTAIS, Alexandre, rue de Vintimille, 19, Paris.
* 209 — Le Devoir, Souvenir des tranchées.
* 210 — La route de Woronzoff.

PROVOST-DUMARCHAIS, Hippolyte Adrien, boulevard Montmartre, 8, Paris.
* 211 — Une Villa au Bas-Meudon.

RAVAYRE, Emile, Bordeaux.
* 212 — Atala, le Passage du fleuve.
* 213 — Marguerite dans la prison.
* 214 — Je serai grondée.

RAY, Anatole, rue Blanche, 72, Paris.
* 215 — La Mère.
* 216 — La Toilette des fleurs.
* 217 — Bords de la Seine.

RÉGIS, Augustin, Limoges.
248 — Intérieur d'atelier de décoration sur porcelaine.

RENAULT, Edmond, place Valenciennes, 4, Paris.
* 249 — Un paysage, bruyères de Normandie.

RIGO, Jules (M. 3), faubourg Poissonnière, 65, Paris.
* 220 — Une razzia sur les Ouled-Mahoumed.
* 221 — Prise de Saint-Jean-d'Ulloa.
222 — Portrait de S. A. le Prince Napoléon.
223 — La jeune Mère.

RIVIÈRE, Charles, Bordeaux.
224 — Bord de la Gironde, coucher de soleil.
225 — Bord de la Gironde, lever de soleil.

RIVOULON, Antoine, rue de Fleurus, 4, Paris.
* 226 — Scène de l'invasion des Huns.
227 — Première opération de la pierre, faite au cimetière
          de St-Séverin, par Germain Collot.
* 228 — Épisode de tranchées.
* 229 — Prisonniers russes.
* 230 — Retour de Kamiesch.

ROUSIER (Mlle).
231 — Portrait de Mgr l'Évêque de Limoges (porcelaine).

RUAUD, à Masseret (Corrèze).
232 — Gibiers.

SAIGNAC, Paul, né à Bordeaux, rue de Chabrol, 18,
          Paris.
* 233 — Le Déjeuner.

SERRES, Antony, rue Judaïque, 24, Bordeaux.
* 234 — Jésus-Christ sur la croix.
* 235 — Le Sermon sur la montagne.
* 236 — Le dernier Souvenir.

SOULIÉ, Henri, rue de Fleurus, 24, Paris.
* 237 — Le Retour au Logis
* 238 — Odalisque.

Teinthoin, Jules, rue de Chabrol, 18, Paris.
* 239 — L'après-dîner dans un parc.
* 240 — La jeune mère.

Triau, Onésime, Laurière (Haute-Vienne).
244 — Les batteurs.

Tuquet, Jean, Bordeaux.
247 — Entrée officielle à Bordeaux du Prince-Président.

Valfort, Paris.
* 248 — Un café à Trieste.
* 249 — Un café à Aïn-Temouchen.
* 250 — Une caravane dans un défilé en Afrique.
* 251 — Rue d'El Cantara à Constantine.
* 252 — Baigneuses, vue dans la grande Grèce.
* 253 — Vue prise à Rome.
* 254 — Femme des bords de la mer d'Ionie.
* 255 — Moresques à Alger préparant le café.

Valton, Edmond, rue de Larochefoucauld, 17, Paris.
* 256 — L'Innocence.
Van Marck, Emile, à la manufacture impériale de Sèvres.
* 257 — Moutons au pâturage.
* 258 — Retour des champs.

Veillat, Just, Châteauroux.
259 — Allée d'ormeaux.

Verneilh, Jules, à Puyrazeau (Dordogne).
260 — Paysage, souvenir du Limousin.
261 — Intérieur de taverne.

Viger-Duvignac, Jean-Baptiste-Hector, né à Argenton,
    rue de l'Ouest, 36, Paris.
* 262 — La Toilette.

Vojave, Fabien, Bordeaux.
263 — Paysage.

Wintz, Guillaume, à Drancy (Seine).
* 264 — Paysage d'automne.
* 265 — Paysage, moutons et vache.

Zyzniewki, Limoges.
266 — Tableaux de Fleurs.
267 — Autre

SUPPLÉMENT.

De Maussion, Elisa (Mlle), Paris.
* 268 — La Moisson, peinture sur porcelaine.
* 269 — Diane au bain, d'après Bouchet, sur porcelaine.
* 270 — Tête d'Enfant, d'après Greuze, sur porcelaine.

DESSIN.

Auguin, Louis-Augustin, Rochefort.
* 271 — Le Champ de blé (Saintonge).
* 272 — Le Taurion, vue prise à Saint-Priest (Hte-Vienne).

Bourdelay, Limoges.
273 — Fleurs.

Collignon, Charles, à Caudéran, près Bordeaux.
274 — Embouchure de la Meuse.
        Débarquement de Poissons près La Haie.
275 — Marine à la Sepia.
276 — Autre.
277 — Ouragan aux Antilles, esquisse au crayon.

Desfray, Maria (Mme), Limoges.
278 — Ruines, à la mine de plomb.

Devige, Bernard, maître de pension, Angoulême.
279 — Fileuse flamande, dessin à la plume.
280 — Bohémiens arrivant dans une ferme. (Id.)

Drouyn, Léon, rue Ste-Sophie, Bordeaux.
281 — Les Voleurs et l'Ane, fusain.
282 — La Grenouille et le Bœuf (Id.).

Dubouché, Adrien, né à Limoges, Jarnac.
283 — Paysage limousin.
284 — Le Soir.
285 — A Midi.
286 — Paysage limousin.
287 — Vive l'Amour.
288 — Paysage limousin.
289 — Campagne de Jarnac.
290 — Coucher de Soleil.
291 — Une Coursière.

Dusautoy, Jean-Léon, rue Caumartin, 13, Paris.
* 292 — Reine des Champs, pastel.

FELLOT, Didier, Angoulême.
292 *bis* — Le Joueur de vielle, dessin à la plume.

GARIN, Jean-Baptiste-Joseph-Léon, rue Oudinot, 23, Paris.
* 293 — Le Spectre fiancé, contes d'Hoffmann, pastel.

GIBERT, Antoine, 1er, 2e grand prix de Rome, 1832, place de la Comédie, Bordeaux.
294 — Ugolin, fusain.

MASGARDEAU, né à Limoges.
295 — Postillon.
296 — Jeune Femme d'Auvergne.

RIVIÈRE, Charles, rue des Remparts, 73, Bordeaux.
297 — Paysage, Gouache.

RIVOULON, Antoine, né à Cusset (Allier); rue de Fleurus, 1, Paris.
* 298 — Les Litanies.

SANTA-COLOMA, Cécile de (Mlle), Bordeaux.
299 — Fantaisies dessin.

TEILLIET (Mme), Saint-Junien.
300 — Portrait au pastel.

TRIAU, Onésime, Laurière (Haute-Vienne).
301 — Jeune pêcheur surpris par la marée.
302 — L'Aumône.
303 — Canards.
304 — La Prière.
305 — Château de Bressuire.

VERNEILH (DE), Jules, Puyrazeau (Dordogne).
306 — Quatre croquis, mine de plomb.
307 — Deux croquis à la plume.

ARCHITECTURE.

BARNY, Martial, Limoges.
308 — Un dessin de locomotive.

BARRIÈRE, Marcelin, à Bordeaux.
309 — Plan de la ville et citadelle de Blaye.

BULOT, à Guéret, et NARJOUX, à Limoges.

340 — Projet de construction de l'église Ste-Eugénie, à Guéret (Creuse).

341 — Projet de construction de l'église Ste-Madeleine, à Aubusson (Creuse).

P. Chabrol, ✳ 216, rue St-Honoré, Paris.

312 —
313 — } Projet de restauration et d'achèvement de la
314 —   cathédrale de Limoges.
315 —

316 —
117 — Cathédrale de Tulle (Corrèze).
318 — Projet d'achèvement et restauration des cloî-
319 —   tres.
320 —

Chibois, Léon, Limoges.

321 — de Lysicrates.
322 — Plan général de l'Acropolis.
323 — Coupe   —
324 — Façade   —
325 — Plan de Parthénon.
326 — Coupe   —
327 — Façade de l'Erecthé.
328 — Coupe des Propylées.
329 — Plans et coupes d'une maison de Pompéi.

330 —
331 — } Peintures murales.   —

332 — Mosaïques   —

333 — Dessins d'état actuel de l'église de Bénevent
334 —   (Creuse).

335 —
336 — Dessins d'état actuel de l'église de Chambon.
337 —   (Creuse).

338 — Parallèle des plans de monuments historiques
         religieux : St-Léonard, Eymoutiers, Saint-
339 —   Yrieix, St-Junien, Le Dorat, Solignac.

Cluzelaud, Léonard, Limoges.

340 —
341 — Projet d'église paroissiale.
342 —
343 —

344 —
345 — } Projet d'un hôtel de ville.
346 —

FAYETTE, Eugène, Limoges.

347 —
348 — } Projet de monument.
349 —

350 —
351 — } Projet d'un hôtel de ville.
352 —

353 —
354 — } Projet de jardin, chaire et cabinet de botanique.
355 —

356 — Château de Rochechouart, — état actuel.
357 —   —   Projet de restauration.
358 — *Fac-simile* des peintures murales du château de Rochechouart.
359 — Aquarelle, copie.

LEDRU, Agis, Léon, Clermont-Ferrand.

360 —
361 — } Établissement thermal de Royat Puy-de-Dôme.
362 —

SENÈQUE, Martial, Limoges.

363 — } Projet d'église pour la commune de Combressol (Corrèze).
364 —

365 —
366 — } Plan d'une ferme en construction à Villeneuve,
367 —   près Rochechouart.
368 —

GRAVURE ET LITHOGRAPHIE.

ALBERT, Léonard, Limoges.
369 — Cadre contenant quatre portraits (grands hommes du Limousin).
370 — Autre cadre contenant 6 portraits.

DROUYN, Léo, rue de Gase, 143, Bordeaux.
371 — Gravures d'après les dessins de M. Ad. Duthouche.
372 — Cadre contenant des gravures à l'eau forte.

373 — Autre.
374 — Autre.

LassALLE, Émile, né à Bordeaux, rue Gabielle, 2, Montmartre.

375 — Médée furieuse, d'après Eugène Delacroix.
376 — Faust et Marguerite au sabbat, d'après Ary Schef-
fer.
377 — Chevaux effrayés par l'orage, d'après Alfred de
Dreux.
378 — Portrait de lady Baring, d'après Jean Gigoux.

PICHARD, E., boulevard Poissonnière, 17, Paris.
379 — Bonheur du travail, gravure d'après Maison.
380 — Dangers de l'oisiveté.   (Id.)

PIERDON, François, né à St-Gérand-le-Puy (Allier), à
Boulogne, près Paris.
381 — Le Retour du pâturage, gravure sur bois.
382 — Les Chanteurs de Noël.   (Id.)
383 — La Chasse au faucon.   (Id.)
384 — Gentilhomme écossais, lithographie.

TEXIER, supérieur du petit séminaire du Dorat (Hte-V.).
385 — Façade et vue perspective de l'église de Villefavard
et de la chapelle de Chauffailles, bâties et décorées sur ses plans et dessins.
386 — Cinq gravures à l'eau forte, exécutées sous sa direction (étude d'après Callot, Israël Silvestre,
etc.), et réduction de deux tableaux.
387 — Études sur l'orfévrerie du Limousin, dessin du buste
en bronze conservé dans l'église de Sainte-For-
tunade (Corrèze).
388 — Études sur l'orfévrerie du Limousin, quatre reli-
quaires du XIIIe siècle conservés dans les églises
des Billanges, de Châteauponsac et de Balledent,
gravures par M. Gaucherel.
389 — Monographie de la cathédrale de Limoges :
1º Plan par M. Chabrol, architecte de la Couronne
et architecte diocésain.
2º Coupe longitudinale, par le même;
3º Lapidation de Saint-Étienne, sculpture du XIVe
siècle, dessinée par M. Vanginot, gravée par
M. Gaucherel;
5º Les Cavaliers de l'Apocalypse, dessin et gravure
de M. Gaucherel;

5° Luther conviant le monde à l'apostasie, dessin
à la mine de plomb, par M. Saquet.

390 — Etudes épigraphiques : une gravure et quatre *fac-simile* d'inscriptions du VIII° au XVI° siècle.

391 — Album du petit séminaire du Dorat, six gravures, par M. Gaucherel.

392 — Monographie de l'abbaye d'Obazine (Corrèze), quatre planches représentant le tombeau de Saint-Etienne d'Obazine, XIII° siècle, gravées par M. Gaucherel.

Tixier, Victor, né à La Rochelle, rue Saint-Honoré, 350, Paris.

393 — Vue de la salle des Deux-Sœurs, au palais de l'Alhambra de Grenade, gravure en taille douce.

Tudot, Edmond, Moulins.

394 — Cadre contenant deux lithographies à la manière noire.

395 — Marronnier sur le bord de la Sioule.

396 — Cadre contenant quatre sujets divers.

397 — Autre.   *(Idem.)*

398 — Autre   trois.

399 — Commentry.

De Verneilh, Jules, à Puyrazeau (Dordogne).

400 — Mendiants, eau forte.

401 — Deux vues de Périgueux. *(Id.)*

—o)o—

SCULPTURE.

Belloc, François-Aristide (M. 3, 2), petite rue Pont-Long, 30, Bordeaux.

402 — Buste, étude, Catalan.

403 — Buste, portrait de M. P..., capitaine au 27° de ligne.

404 — Médaillon, étude, une aurore.

Bonheur, Isidore, né à Bordeaux.

405 — Bélier debout.

Bonheur, Rosa (Mlle), née à Bordeaux.

406 — Brebis debout.

407 — Bélier couché.

CHARRETTON, Michel, Limoges.
408 — Buste allégorique représentant la ville de Limoges.

C..., Limoges.
409 — Zouave sonnant la charge.
410 — Zouave défendant son drapeau.

FILLIOUX, Antoine, Cherdemont (Creuse).
411 — Le bon dévot.
412 — Laboureurs marchois.

GALATRY, Jean-Baptiste, Limoges.
413 — Projet de fontaine.
414 — Amour décochant une flèche.

LAGNIER, Charles, médaillé cinq fois, fossés de l'Intendance, 42, Bordeaux.
415 — Panneau représentant le commencement d'une querelle.
416 — Miroir à main (bois d'ébène).
417 — Buvard à deux faces.
418 — Petit coffret pour une montre.
* 419 — Écran.
420 — Plusieurs parties d'un coffre (style renaissance, bois d'ébène).
421 — Support.
* 422 — Autre support.

MARTIN, né à Limoges.
423 — Projet de statue pour la cathédrale de Limoges.

NALBERT, François, Limoges.
424 — Autel en pierre.
425 — Statue de la Vierge, en pierre.
426 — Châsse de saint Étienne, en bois doré et peint.
427 — Buste en plâtre du général D...

POTIÉ, Louise (Mme), Bordeaux.
428 — Chiens se disputant une cravache.

DE SANTA-COLOMA, Manuel, Bordeaux.
429 — Cheval et cavalier.

THABARD, né à Limoges.
430 — Buste en terre cuite.

VITRAUX.

Audoynaud, Henri, Périgueux.
1 — Trois descentes de Croix, grisailles.
2 — Les Titans foudroyés, grisaille coloriée.
3 — Armoiries, Limoges et Bordeaux.
4 — Deux Médaillons avec entourage.
5 — Deux Intérieurs peints.
6 — Divers objets d'ornementation, fleurs et décors pour
   salon par un procédé nouveau.

Berton, Vital, Bellac (Haute-Vienne).
   Deux panneaux grisailles.

Thévenot, M.-E.-H., Clermont-Ferrand.
1 — Fragment d'une verrière exécutée en 1847 pour
   l'église catholique de Calcutta.
      Sujet. — La Pâque des Hébreux en Egypte (style
         moderne).
2 — Fragment d'un grand vitrail représentant le cruci-
   fiement de N.-S. J.-C.
      Sujet. — Le gouverneur de Jérusalem et ses soldats
         assistent à la Passion de N.-S. J.-C.
         (style moderne).
3 — Saint Jean-Baptiste, dessiné à la chapelle du château
   de Losmonerie, à M. le comte de Villelume (style
      xive siècle).
4 — Deux lobes pyriformes. — Anges jouant de divers
   instruments (style xve siècle).
5 — Saint Martial, imitation des vitraux du xiiie siècle.
6 — La sainte Vierge,
7 — Sainte Clotilde,   } Vitraux en style du xve siècle.
8 — Sainte Radegonde,

Thibaud, Émile, Clermont-Ferrand.
1 — Vitrail en six panneaux, saint Jean, évangéliste.
2 — Autre, en trois panneaux, représentant la sainte
   Vierge tenant l'Enfant Jésus.
3 — Autre en deux panneaux, genre xiiie siècle.
4 — Autre en quatre panneaux, représentant un saint
   Evêque.
5 — Trois panneaux, grisaille et mosaïque.

EMAUX.

Pour compléter le Catalogue, nous donnons le nom des personnes qui ont bien voulu prêter à l'Exposition du centre de la France la riche collection de vieux Emaux limousins, admirée de tous les visiteurs.

M. Maurice Ardant travaille en ce moment à une notice détaillée de ces diverses richesses restées dans nos pays.

MM. Aigueperse, (baron d').
      Arbonneau, à Objat.
      Ardant (Adolphe).
      Ardant (Eugène).
      Ardant (Henri).
      Ardant (Joseph).
      Ardant (Lia).
      Ardant (Louis).
      Ardant (Martial).
      Ardant (Maurice).
      Ardant (Sidonie).
      Astaix (Jean-Baptiste).
      Audoin (Joseph).

      Barbarin-Durivaud.
      Barbou-Descourrières (Mme).
      Bardinet (Alphonse).
      Bardinet, à Paris.
      Bernard (Jules).
      Bex, curé de Saint-Priest-Taurion.
      Bonnefond (Mlle de).
      Bouillon (Mme Edouard).
      Bourdeau, à Cognac.
      Boutaud (Auguste).
      Brisset, à Bellac.
      Brisset (Mlle Thérèse).
      Brunet, vice-président du tribunal civil.
      Burguet.

      Cantillon de Lacouture.
      Cathédrale de Saint-Etienne.
      Chabrot, ébéniste.

MM. Chaslus (Joseph).
Chaslus (Louis).
Chastaingt (Julien).
Chatenet (Mathieu).
Coëtlogon (Comte de).
Cogniasse-Dubreuil.
Coiffe (François).
Couvent de la Visitation.

Daudy (Mme).
Dauriat (veuve).
Desisle (Emile).
Dethias (Théodore).
Devoyon (Léonce).
Dhéralde (Léon).
Du Boys (Mme veuve Auguste).
Dumont Saint-Priest (Jules).
Duverger (Gustave).

Eglise d'Ambazac (l').
Evêque de Limoges (Mgr l').

Gandois (Elie).
Gandois (Prosper).
Germeau, ancien préfet.
Giry, chanoine.
Guilbert (Guillaume).
Guybert (Hippolyte).

Humbert-Droz.

Labesse.
Lacroix (Jules).
Laforest (Jérémie).
Lagardelle (Mme veuve).
Lagrange-Duqueyroix.
Lamy (Edouard).
Lamy (Théophile).
Lamy de Lachapelle (veuve).
Langle.
Laporte (Alfred).
Larivière (Georges de).
Larue (Armand).
Latrille (Adolphe).
Latrille (Mme veuve).

MM.   Laurent (Mme).
Liron, percepteur.

Mallebay (Mme).
Merx (François).
Moreau (A).
Morin (Charles).

Noualhier (Armand).

Péconnet Duchâtenet.
Périer (Jules).
Périer (Paulin).
Périer (veuve).
Périer (veuve Léon).
Petiniaud (Frédéric).
Petiniaud-Dubos (Benoît).
Pouyat-Soubrebost (Mme).
Pouzi (Hugues).
Printemps (Jenny).
Printemps (Zélie).

Reculès (Gabriel).
Romain (de).
Romanet (Charles).
Rubeu-Réné.
Senemaud (Jérémie).
Simon.
Suiduiraud.

Texier, supérieur du petit séminaire du Dorat.
Thevenin (J.-J.).
Tixier-Lachassagne, premier président.

Vendermarcq (Mme).
Vénassier, curé de Saint-Michel.
Veyrier-Montagnières (Antoine).
Vezy (Maximin).